Jürgen Brater

100 KLUGE DINGE
von eins bis unendlich

Jürgen Brater

100 kluge Dinge
von eins bis unendlich

Die erstaunliche
Welt der Zahlen

Mit Illustrationen von
Annabelle von Sperber

cbj

cbj ist der Kinder- und Jugendbuchverlag
in der Verlagsgruppe Random House

Mix
Produktgruppe aus vorbildlich bewirtschafteten
Wäldern und Recyclingholz oder -fasern
www.fsc.org Zert.-Nr. SGS-COC-004980
© 1996 Forest Stewardship Council
FSC

Verlagsgruppe Random House FSC-DEU-0100
Das FSC-zertifizierte Papier *Zanto* von Gohrsmühle
für dieses Buch liefert Papier Union.

Gesetzt nach den Regeln der Rechtschreibreform

1. Auflage 2010
© 2010 cbj, München
Alle Rechte vorbehalten
Vermittelt durch die Literatur- und Medienagentur
Ulrich Pöppl, München
Lektorat: Uwe-Michael Gutzschhahn
Einbandgestaltung: init. Büro für Gestaltung, Bielefeld
Innenillustrationen: Annabelle von Sperber
AW · Herstellung: RF
Satz und Reproduktion: Uhl + Massopust, Aalen
Druck: Polygraf print, spol. s.r.o., Prešov
ISBN 978-3-570-13715-4
Printed in the Slovak Republic

www.cbj-verlag.de

Inhalt

Kaum haben wir das Licht der Welt erblickt, da bekommen wir auch schon die erste Zahl verpasst: unser Geburtsdatum. Körpergewicht und -größe kommen hinzu und natürlich der Ort des Geschehens einschließlich Postleitzahl. Von Beginn unseres Daseins an sind wir von Zahlen umgeben, müssen mit ihnen zurechtkommen, und das bleibt das ganze Leben so – ob wir wollen oder nicht. Zahlen, wohin man blickt: Autokennzeichen, Telefon-, Steuer- und Kontonummern, Klassenstärken und Schulnoten, Blutwerte, Schuh-, Hemd- und Jeansgrößen, Kalenderdaten, Mengen, Maße, Gewichte – in den unterschiedlichsten Darstellungsweisen und Formaten.

Zahlen bestimmen einen Großteil unseres Lebens, und wir sind gut beraten, uns bestmöglich mit ihnen zu arrangieren. Das fällt allerdings gar nicht sonderlich schwer, denn in der Tat kann man eine ganze Menge mit ihnen anfangen. Man kann sie in der ursprünglichen Wortbedeutung zum Zählen verwenden, aber auch zum Rechnen, Kalkulieren, Erklären und Vertiefen. Man kann sie sortieren, gruppieren und vergleichen, kann über ihre Größe, aber auch über ihre Winzigkeit staunen, mit ihnen angeben oder Mitleid erwecken, Mitmenschen verblüffen, Behauptungen beweisen und andere widerlegen. Und nicht zuletzt taugen Zahlen perfekt dazu, die Welt, die uns umgibt, zu erfassen, zu beschreiben und einen Großteil ihrer Geheimnisse begreifbar zu machen.

Mit all diesen Aspekten der komplexen Zahlenwelt befasst sich dieses Buch. Es stellt besondere Zahlen wie Pi, Prim-, Dreiecks- und vollkommene Zahlen, chinesische, römische, Glücks- und Pechzahlen, aber auch so schwierig zu begreifende Phänomene wie Unendlich und nicht zuletzt die geniale Null vor und erklärt, was es damit auf sich hat. Das Buch befasst sich mit riesigen und winzigen Werten, Maßen und Mengen und will dabei in erster Linie unterhalten, aber natürlich auch erklären, begeistern und ganz besonders verblüffen. Oder hättest du gewusst, dass eine Fledermaus lauter ist als ein Düsenjäger, dass die Nervenfasern im Gehirn eines einzigen Menschen aneinandergehängt 145-mal um die Erde reichen, dass in Dänemark fast dreimal so viele Schweine wie Menschen leben oder dass es ein Wort gibt, das beim Scrabble 1753 Punkte bringt?

Und wem das noch immer nicht reicht, dem liefert das Buch noch zusätzlich eine ganze Menge unglaublicher Berechnungen, Kuriositäten und Spielereien, bei denen samt und sonders Zahlen die Hauptrolle spielen und mit denen man gewiss so manche Wette gewinnen kann. Ganz bestimmt mit Klassenkameraden – und vielleicht sogar mit Lehrern.

Die Auflösungen zu den Aufgaben findest du ganz hinten im Buch – auf den Seiten 212 bis 224.

Im Gegensatz zum Säugling, der zu knapp 97 Prozent aus Wasser besteht, sind im Körper eines Erwachsenen nur noch etwa 60 Prozent Wasser – verteilt auf Billionen von Zellen – enthalten. Das bedeutet, dass ein 70-Kilo-Durchschnittsmann rund 42 Liter – mehr als den Inhalt von 4 Haushaltseimern – enthält. Die Verteilung auf die einzelnen Gewebe und Organe ist höchst unterschiedlich: Während die Lunge zu knapp 84 Prozent aus Wasser besteht, sind es bei den Nieren nur noch 80, bei den Muskeln 77 und beim Fettgewebe gar nur 10 Prozent. Den Rekord hält der Glaskörper des Auges: Er besteht zu 99 Prozent und damit fast vollständig aus Wasser. Auf der anderen Seite der Skala stehen die Haare mit 4 und der Zahnschmelz mit gar nur 0,2 Prozent Wassergehalt.

Das meiste Wasser – im Durchschnitt täglich 1,3 Liter – nehmen wir naturgemäß beim Trinken auf. Daneben gelangt eine ganze Menge – rund 0,9 Liter – mit festen Speisen in unseren Körper. Und in den Organen fallen als Abfallprodukt ihrer Tätigkeit weitere 0,3 Liter an. Das macht insgesamt 2,5 Liter. Damit wir durch so viel Flüssigkeit nicht aufgeschwemmt und damit dicker und schwerer werden, müssen wir die Menge natürlich auch wieder ausscheiden. Das geschieht zum Teil mit der Atemluft (0,4 Liter), über die Haut (0,5 Liter als Bestandteil von Talg und Schweiß) und mit dem Kot (0,2 Liter). Den größten Teil, nämlich rund 1,5 Liter,

Einzigartige 69

Die Zahl 69 weist eine Besonderheit auf, die sie mit keiner anderen Zahl teilt: In ihren Quadrat- (69^2) und Kubikzahlen (69^3) kommen alle Ziffern von 0 bis 9 genau einmal vor.

$69^2 = 4761$

$69^3 = 328509$

geben wir aber mit dem Urin ab. Dazu benötigen wir intakte Nieren, die zu diesem Zweck alle 5 Minuten von der gesamten Blutmenge – immerhin 5 bis 7 Liter – durchströmt werden. Aus diesem gewaltigen Volumen von 1500 Litern Blut pro Tag filtern die Nieren rund 170 Liter Flüssigkeit heraus. Würde diese enorme Menge dem Blut für immer entzogen, so wäre es bereits nach etwa einer Viertelstunde derart dickflüssig, dass es nicht mehr durch die Adern strömen könnte. Deshalb wird der größte Teil, nämlich circa 168 Liter, wieder ins Blut zurückgeschleust. Nur den Rest müssen wir tatsächlich ausscheiden.

Von einem einfältigen Menschen sagt man, er habe Stroh im Kopf. Das ist eine schlimme Beleidigung, denn das Organ, das unsere Schädelhöhle ausfüllt, ist selbst beim allerdümmsten Menschen dem leistungsfähigsten Computer noch immer tausendfach überlegen. Zwar gibt es natürlich eine ganze Menge Dinge, die Elektronenrechner präziser und vor allem viel schneller können (siehe S. 64), aber an die Komplexität und Vielseitigkeit unseres Gehirns kommt keiner auch nur annähernd heran.

Durchschnittlich wiegt das Gehirn eines Mannes rund 1400 und das einer Frau etwa 1250 Gramm. Das bedeutet jedoch nicht, dass Männer schlauer sind als Frauen, denn beim Zusammenhang zwischen Gehirnmasse und Intelligenz spielt das Gesamtgewicht eines Lebewesens die entscheidende Rolle. Wäre es anders, müsste ein Elefant mit rund 4200 oder gar ein Pottwal mit 8500 Gramm ein Ausbund an Klugheit sein. Außerdem hätte dann Albert Einstein mit nur 1230 Gramm Gehirngewicht wohl kaum die Relativitätstheorie entwickeln können.

Worauf es vielmehr ankommt, ist die Zahl der Nervenzellen (Neuronen) sowie – ganz besonders wichtig – der Grad ihrer Verknüpfung untereinander. Und hier hat das menschliche Gehirn einiges zu bieten. Denn jedes der rund 20 Milliarden Neuronen ist mit bis zu 30 000 anderen über sogenannte Synapsen verbunden, tauscht also mit ihnen unentwegt Infor-

Irgendwie verblüffend

$67 \times 67 = 4489$

$667 \times 667 = 444\,889$

$6667 \times 6667 = 44\,448\,889$

Und was ist $666\,667 \times 666\,667$?

mationen aus. Würde man alle Nervenfasern, die an diesem gigantischen Netzwerk beteiligt sind, hintereinanderlegen, so käme man auf die unvorstellbare Länge von etwa 5½ Millionen Kilometern – das entspricht 145 Erdumrundungen.

Kein Wunder also, dass unser Gehirn eine ganze Menge »Treibstoff« in Form von Traubenzucker und Sauerstoff benötigt. Obwohl es nur etwa 2 Prozent unseres Gewichts ausmacht, verbraucht das Gehirn rund 20 Prozent der vom Körper erzeugten Energie. Darüber, wie viele Informationen es speichern kann, gibt es verständlicherweise nur Schätzungen. Experten gehen von 10^{150} (eine 1 mit 150 Nullen) Bedeutungs- und Wahrnehmungsinhalten aus – das ist ein Vielfaches der Anzahl von Molekülen im Universum. Jedes Mal, wenn wir uns etwas einprägen oder uns an etwas erinnern, sind daran zwischen 10 und 100 Millionen Neuronen beteiligt. Und solche Vorgänge laufen im Gehirn pausenlos ab.

Wie viele Sprachen es auf der Welt gibt, weiß schon allein deshalb niemand genau, weil in vielen Ländern die Abgrenzung zwischen Dialekt und Sprache äußerst schwierig ist. Deutschland macht da keine Ausnahme: Zumindest Süddeutsche betrachten das ostfriesische Platt, von dem sie so gut wie kein Wort verstehen, ganz entschieden als selbstständige Sprache.

Hinzu kommt, dass ständig Sprachen verschwinden. Zu denen, die es schon in wenigen Generationen vermutlich nicht mehr geben wird, gehören die heute noch in Georgien benutzten Sprachen Udisch, Batsisch und Savnisch sowie das mexikanische Lacandon und das Moguor in China. Dagegen entstehen nur sehr wenige Sprachen neu – auf 100 aussterbende kommt im Mittel lediglich eine neue. Deshalb kann der von Wissenschaftlern ermittelte Wert von ungefähr 6800 Sprachen nur eine grobe Schätzung sein.

Zahlen einmal anders

Setze die Reihe logisch fort:
e, z, d, v, f, …

Die weltweit meistgesprochene Sprache ist nicht etwa Englisch, sondern mit großem Abstand Chinesisch: Mehr als 1 Milliarde Menschen lernen sie von Kind auf. Englisch liegt mit etwa 350 Millionen Muttersprachlern auf Platz zwei, gefolgt von Spanisch mit etwa 250 Millionen. Es folgen Hindi, Russisch, Arabisch, Bengali, Portugiesisch und Japanisch; erst danach, also auf Rang 10, ist Deutsch an der Reihe, das für etwa 110 Millionen Menschen die Muttersprache darstellt.

Was die Zahl der Sprachen in einem einzigen Land angeht, so hält wohl Indien den Weltrekord. Wissenschaftler haben ermittelt, dass sich die rund 1 Milliarde Bewohner des asiatischen Staates untereinander in nicht weniger als 1652 unterschiedlichen Sprachen und Dialekten verständigen.

Wie viele Schläge?

Eine Uhr schlägt in 5 Sekunden 6-mal. Wie lange braucht sie für 12 Schläge?

Nur wer lebt, kann sterben; deshalb ist das Leben grundsätzlich gefährlich. Doch obwohl kaum jemand gern stirbt, hat man bei vielen Menschen den Eindruck, sie machten sich über das Risiko überhaupt keine Gedanken. Wie anders ist es zu erklären, dass nicht wenige panische Angst davor haben, vom Blitz erschlagen zu werden, aber ohne Bedenken jeden Tag 20 Zigaretten rauchen? Spezialisten haben errechnet, wie groß die Gefahr ist, als Folge eines bestimmten Ereignisses oder einer Betätigung sein Leben zu verlieren. Demnach stirbt in Deutschland innerhalb eines Jahres:

als Folge eines Meteoriteneinschlags:	1 Mensch von 1 Billion
nach einem Hundebiss:	1 Mensch von 40 Millionen
als Folge eines Blitzschlags:	1 Mensch von 20 Millionen
durch Ertrinken bei einem Hochwasser:	1 Mensch von 8 Millionen
nach einem Insektenstich:	1 Mensch von 4 Millionen
durch einen Wespen- oder Bienenstich:	1 Mensch von 3,3 Millionen
durch Sturz von einem Baum:	1 Mensch von 2,1 Millionen
bei einem Badeunfall:	1 Mensch von 1,3 Millionen
bei einem Unfall mit der Bahn:	1 Mensch von 500 000
als Folge einer Blinddarmentzündung:	1 Mensch von 480 000
bei einem Brand seines Hauses:	1 Mensch von 285 000
durch Sturz aus dem Bett:	1 Mensch von 230 000
durch einen Mord:	1 Mensch von 100 000
durch Sturz von einer Treppe:	1 Mensch von 77 000
nach einem Arbeitsunfall:	1 Mensch von 43 000
als Folge einer Vergiftung:	1 Mensch von 27 000
nach einem Unfall im Haushalt:	1 Mensch von 26 000
beim Fußballspielen:	1 Mensch von 25 000
durch Selbstmord:	1 Mensch von 8000
bei einem Verkehrsunfall:	1 Mensch von 4000
durch einen ärztlichen Behandlungsfehler:	1 Mensch von 2700
bei einem Schlaganfall:	1 Mensch von 1600
an Krebs:	1 Mensch von 400
durch Herz- oder Kreislaufversagen:	1 Mensch von 250
durch die Folgen des Rauchens:	1 Mensch von 180

Dass Rauchen – im negativen Sinne – deutlich an der Spitze liegt, verwundert nicht. Denn der inhalierte Rauch eines einzigen Glimmstängels verursacht im Lungengewebe derart massive Erbgutschäden, dass zu ihrer Behebung anschließend fast 30 000 Reparaturvorgänge erforderlich sind.

Unheimliche Verdopplung

Nimm eine beliebige dreistellige Zahl und multipliziere sie mit 7. Das Ergebnis multiplizierst du mit 11 und das Resultat anschließend noch einmal mit 13. Plötzlich steht die Zahl zweimal da!

Zwei Beispiele:

123	238
$123 \times 7 = 861$	$238 \times 7 = 1666$
$861 \times 11 = 9471$	$1666 \times 11 = 18\,326$
$9471 \times 13 = 123\,123$	$18\,326 \times 13 = 238\,238$

Wir alle kennen das nervige Summen einer Stechmücke, das uns, obwohl alles andere als laut, mühelos um den Schlaf bringen kann. Und das Zirpen eine Grille vor dem Fenster kommt uns, wenn wir einschlafen wollen, wie schrilles Getöse vor. Dabei ist laut wirklich etwas anderes.

Man misst die Lautstärke (genauer gesagt: den Schalldruck) in Dezibel, wobei ein Wert von 20 bis 40 etwa dem Ticken eines Weckers oder dem Surren eines Computer-Ventilators entspricht. 50 bis 60 Dezibel erreicht man bei einem normalen Gespräch, ein Motorrasenmäher bringt es auf etwa 80 und ein vorbeidonnernder Laster auf rund 100 Dezibel. Ab 110 Dezibel beginnt ein Geräusch in den Ohren zu schmerzen, und wer einmal 130 erleben möchte, muss sich neben ein startendes Düsenflugzeug oder in unmittelbare Nähe eines Lautsprechers bei einem Rockkonzert stellen.

Doch das ist alles noch nichts gegen den Lärm eines Tieres, von dem man ganz gewiss nicht erwartet, dass es so laut kreischen kann. Gemeint

ist die Fledermaus, die mit bis zu 140 Dezibel jeden Düsenjet locker über-
tönt. Dass wir davon an lauen Sommerabenden, wenn die wendigen Flie-
ger im Tiefflug hinter Insekten herjagen, nicht verrückt werden, liegt
allein daran, dass das Geschrei außerhalb unserer Hörfähigkeit im Ultra-
schallbereich stattfindet. Die Fledermäuse brüllen mit ihrem hohen Kreischen Beutetiere an und können aus den zurückgeworfenen Echos auf
deren Position und Flugrichtung schließen – eine Art Radar, nur viel, viel
lauter.

Die 9 – eine verblüffende Zahl

Nimmt man eine beliebige mehr als dreistellige Zahl, vertauscht
deren Ziffern in willkürlicher Reihenfolge zu einer zweiten Zahl
und zieht nun die kleinere von der größeren ab, so ergeben deren
Ziffern zusammenaddiert immer ein Vielfaches von 9. Oder anders
ausgedrückt: Die Quersumme dieses Vielfachen ist stets 9.

Ein Beispiel:
Die beliebige Zahl sei 40 831.
Durch Vermischen der einzelnen Ziffern entsteht daraus 80 314.
$80\,314 - 40\,831 = 39\,483$
$3 + 9 + 4 + 8 + 3 = 27$
Davon die Quersumme: $2 + 7 = 9$

Noch ein Beispiel gefällig?
$986\,532 - 562\,389 = 424\,143$
$4 + 2 + 4 + 1 + 4 + 3 = 18$
Daraus wieder die Quersumme: 9

Es gibt Zahlen, von denen Rechenkünstler derart begeistert sind, dass sie sie schwärmerisch als »vollkommen« bezeichnen. Als vollkommen gelten sie deshalb, weil sie genauso groß sind wie die Summe ihrer Teiler (sie selbst ausgenommen). Vermutlich ist die Begeisterung auch darum so groß, weil solche Zahlen sehr selten sind.

Die kleinste vollkommene Zahl ist die 6: Sie lässt sich durch 1, 2 und 3 teilen und 1 + 2 + 3 = 6. Die nächstgrößere ist die 28, deren Teiler 1, 2, 4, 7 und 14 zusammengezählt wieder 28 ergeben. Dann kommt lange keine vollkommene Zahl mehr, und je weiter man fortfährt, desto größer werden die Abstände. Die dritte Zahl ist 496, die vierte 8128, und die fünfte, die 33 550 336, liegt bereits im zweistelligen Millionenbereich.

Heute können wir uns kaum noch vorstellen, wie sehr die Vollkommenheit der 6 die Menschen in früheren Zeiten fasziniert hat. So war bei-

---

Quadratzahl leicht im Kopf ausrechnen

Eine zweistellige Zahl mit der Endziffer 5 kann man sehr leicht im Kopf mit sich selbst malnehmen.
Man addiert zur ersten Ziffer die 1 und multipliziert das Ergebnis mit der unveränderten ersten Ziffer.
An das Ergebnis hängt man einfach 25 an – das war's schon.
Beispiel: 85 × 85
Erste Ziffer: 8
8 + 1 = 9
9 × 8 = 72
Das Ergebnis lautet: 7225.

spielsweise der heilige Augustinus felsenfest davon überzeugt, dass Gott die Welt nur deshalb in genau 6 Tagen erschaffen hat, weil die Zahl vollkommen sei.

Auffällig ist, dass sämtliche vollkommenen Zahlen gerade sind, was man allerdings insofern einschränken muss, als es ja möglicherweise eine ungerade Zahl gibt, die die genannten Bedingungen erfüllt, nur dass sie bis heute nicht gefunden wurde. Was man jedoch weiß, ist, dass sie, falls es sie wirklich gibt, extrem groß sein und mehr als 500 Stellen umfassen muss. Übrigens ist jede vollkommene Zahl automatisch auch eine Dreieckszahl (siehe Seite 136), was man bei der 6 mit ihren drei Teilern 1, 2 und 3 ja noch deutlich erkennt.

4 x 4-Knobelei

Versuche einmal, mit vier 4en die Zahlen von 1 bis 10 darzustellen. Die Zahlen dürfen aneinanderhängen (wie 44), ansonsten darfst du nur die 4 Grundrechenarten (addieren, subtrahieren, multiplizieren und dividieren) verwenden.
Und denke immer daran: Punktrechnung kommt vor Strichrechnung!

Wie hat einmal ein kluger Mann gesagt, als ihm jemand guten Appetit wünschte? »Stuhlgang ist wichtiger!« Und da ist durchaus etwas dran. Denn von dem, was unseren Körper über den Darm verlässt, kommt im Lauf der Zeit tatsächlich einiges zusammen: jährlich etwa 45 Kilo. Das sind im Verlauf eines 80-jährigen Lebens rund 3½ Tonnen! Zum größten Teil – nämlich zu etwa 70 Prozent – besteht die Masse aus Wasser. Von den restlichen 30 Prozent sind die Hälfte ausgeschiedene Bakterien. Verbleiben noch etwa 15 Prozent. Davon besteht wieder die Hälfte aus abgelösten Darmwandzellen und nur der klägliche Rest – also gerade mal 7 bis 8 Prozent – entfällt auf unverdauliche Nahrungsreste.

Wenn man bedenkt, dass ein Mensch ja nicht nur feste Bestandteile, sondern auch eine ganze Menge Urin von sich gibt – täglich etwa 1½ bis 2 Liter – und dass er dazu üblicherweise ebenfalls eine Toilette aufsucht, wundert es nicht, dass er pro Tag durchschnittlich 8 Minuten auf dem Klo zubringt. In einem Jahr sind das 2920 Minuten oder knapp 49 Stunden. Setzt man auch hier eine mittlere Lebenserwartung von 80 Jahren voraus, dann summiert sich die Zeit auf dem stillen Örtchen bis zum Tod auf rund 3900 Stunden oder knapp 5½ Monate.

Doch es gibt ja noch eine dritte Form von Darmausscheidungen: die gasförmige. Dabei handelt es sich vorwiegend um Luft, die sich in unserem Magen und ganz besonders im Darm breitmacht. Wir schlucken sie beim Essen, und zwar mit jedem Bissen etwa 2 bis 3 Milliliter (0,002 – 0,003 Liter). Außerdem entsteht während des Verdauungsprozesses im Dickdarm weiteres Gas. Und das verursacht zusammen mit der verschluckten Luft das vertraute unangenehme Druckgefühl, das uns zwingt, einen »fahren zu lassen«. Das Pupsen ist also ganz normal: Ein gesunder Mensch lässt pro Tag durchschnittlich 0,6 Liter Darmgase ab, in der Regel etwa 15 Portionen zu je 40 Milliliter (0,04 Liter). Die Menge schwankt jedoch sehr stark und kann sich zum Beispiel bei einer Mahlzeit, die hauptsächlich aus Erbsen, Bohnen oder Linsen besteht, leicht bis auf das Zehnfache erhöhen!

Viereckige Schachtel

Wie viele Flächen hat eine viereckige Schachtel?

Um von vornherein keinen Irrtum aufkommen zu lassen: Hier geht es nicht um das »Guinness-Buch der Rekorde«, sondern um die Bibel. Die kann nämlich eine ganze Menge Bestmarken für sich beanspruchen.

Sie ist mit über 20 Millionen Exemplaren pro Jahr das meistverkaufte Buch aller Zeiten und wurde bisher in mehr als 2400 Sprachen übersetzt. Da kommt selbst »Harry Potter« nicht mit. Den gibt es »nur« in 65 Sprachen, und er steht in der ewigen Verkaufshitliste mit einer Gesamtzahl von 325 Millionen Exemplaren, davon 25 Millionen in deutscher Sprache, nach dem Koran auf Platz 3.

Einen Rekord stellt allein schon die Dauer der Bibel-Entstehung dar: Rund 1500 Jahre haben mehr als 50 Generationen von Autoren an ihr gearbeitet, und zwar Autoren aus allen Gesellschaftsschichten. Mose beispielsweise war Politiker, Salomo König und Petrus einfacher Fischer.

Insgesamt umfasst die Bibel – Altes und Neues Testament zusammen – 1189 Kapitel mit 31175 Versen. Um sie von vorn bis hinten durchzulesen, braucht man – ein durchschnittliches Lesetempo vorausgesetzt – etwa 50 Stunden. Beschränkt man sich auf täglich 3 bis 4 Kapitel, ist man ziemlich genau nach einem Jahr durch.

Wenn man die Wörter zählt, kommt man auf mehr als 3,5 Millionen. Von diesen findet sich – nicht besonders überraschend – das Wörtchen »und« mit Abstand am häufigsten, nämlich genau 46227-mal. Der Name des Herrn – mit allen Bezeichnungen gleicher Bedeutung, wie zum

Datum

Wenn man ein Datum in der Form tt.mm.jjjj (Tag und Monat in zwei sowie das Jahr in vier Ziffern) schreibt, wann hatten wir dann zum letzten Mal ein Datum mit acht verschiedenen Ziffern?

Beispiel »Gott Jahwe« – kommt 6855-mal vor, womit Gott nach durchschnittlich jedem 520. Wort genannt wird.

Und noch ein Kuriosum: Das kürzeste Bibelkapitel mit lediglich 2 Versen ist Psalm 117 und das längste Psalm 119, der die enorme Zahl von 176 Versen umfasst. Psalm 118 – eingebettet zwischen dem längsten und dem kürzesten Kapitel – stellt exakt die Mitte der Bibel dar. Denn davor gibt es ebenso wie danach 594 Kapitel. Addiert man diese (2 × 594), so erhält man die Zahl 1188. Und der Bibelvers, dem genauso viele vorausgehen wie folgen, ist Psalm 118 Vers 8.

Fast 2000 Jahre lang benutzte man zum Zählen und Rechnen das römische System, bei dem die Zahlen in Form von Buchstaben dargestellt werden. Dabei steht I für 1, V für 5, X für 10, C für 100 und M für 1000. Daneben gibt es noch L für 50 und D für 500. Die größte Zahl kommt ganz nach vorn, dann folgen nacheinander die kleineren. Es beginnt also mit den Tausendern, anschließend kommen die Hunderter, Zehner und Einer – genau wie bei den uns vertrauten arabischen Zahlen. Das klingt einfach und wäre es im Grunde auch, wenn es da nicht eine vertrackte Regel gäbe: Steht eine kleinere Zahl links von einer größeren, so wird sie von Letzterer abgezogen. CX bedeutet also 110, XC aber 90.

Mehr muss man nicht wissen, um römische Zahlen lesen und schreiben zu können. Probieren wir es einfach mal aus. CXXVI? Zuerst einmal 100, dann zweimal 10 = 20, nun die 5 und schließlich die 1, also: 126. Jetzt ein bisschen schwieriger: MCMXCII? Am Anfang 1000, dann 1000 – 100 = 900, damit sind wir bei 1900. Jetzt die 10 vor der 100, das bedeutet 90, also 1990; und schließlich zweimal 1, also 2. Die gesuchte Zahl lautet 1992.

Besonders schwierig ist das eigentlich nicht. Wer sich einmal eine Weile damit beschäftigt, hat den Bogen schnell raus. Kompliziert wird die Angelegenheit erst, wenn man versucht, mit derartigen Zahlen zu rechnen. Die Römer verwende-

Für Spezialisten:

Welche kleinste Zahl kann man in römischen Zahlen schreiben, wenn man jedes Zeichen nur einmal verwenden darf?

ten dazu ein einfaches Hilfsmittel namens »Abakus«, ein Holzbrett, auf dem sie kleine Kugeln hin- und herschoben. Aber auch damit sind Multiplikationen und Divisionen schwierig, was vor allem daran liegt, dass dem römischen Zahlsystem die geniale Null fehlt (siehe S. 202). Daher dauerte es sicher manchmal eine ganze Weile, bis ein Römer zum richtigen Ergebnis fand. Denn auch in Rom wird es schnelle und weniger schnelle Rechner gegeben haben.

Zum Schluss noch eine kleine Scherzfrage:

Wie können 4 und 6 zusammen 11 ergeben?

Zwei von drei Deutschen fühlen sich unbehaglich, wenn sie die Zahl 13 hören: Sofort rechnen sie mit allem Möglichen, nur mit nichts Gutem. Deshalb folgt in manchen Hochhäusern über der 12. Etage gleich die 14., und deshalb sucht man in vielen Hotels vergebens die Zimmernummer 13. In den ersten ICE-Zügen gab es keinen Wagen 13, ja selbst in der Formel 1 muss kein Pilot ein Auto mit dieser Startnummer fahren.

Über die Ursache dieses eigenartigen Phänomens sind sich die Wissenschaftler nicht ganz im Klaren: Einige glauben, dass die 13 Angst und Schrecken auslöst, weil sie die erste Zahl nach der mystischen 12 ist (siehe S. 160), andere bringen sie mit dem Abendmahl Jesu in Verbindung, an dem der Verräter Judas als 13. Person teilgenommen hat.

Besonders schlimm ist es für die Betroffenen, wenn der 13. eines Monats – ohnehin ein Tag, an dem sie sich am liebsten im Bett verkriechen würden – auf einen Freitag fällt. Dann vermeiden sie möglichst jede Entscheidung und gehen nicht das geringste Risiko ein – kurz, sie

---

Pech für »Triskaidekaphobiker«

»Triskaidekaphobiker« – mit diesem aus dem Griechischen stammenden Zungenbrecher bezeichnen Fachleute Menschen, die eine panische Angst vor der 13 und insbesondere vor Freitag, dem 13., haben.

Pech für sie, dass kein anderer Tag so oft auf einen 13. fällt wie der Freitag.

Im Lauf des gregorianischen Kalenders, der sich alle 400 Jahre beziehungsweise 4800 Monate wiederholt, ist der Dreizehnte 684-mal ein Donnerstag oder Samstag, 685-mal ein Montag oder Dienstag und 687-mal ein Mittwoch oder Sonntag.

Aber 688-mal ein Freitag!

Das US-Wappen und die 13

Das im Jahr 1782 eingeführte Wappen der USA – es ist auf jeder Ein-Dollar-Banknote zu sehen – zeigt auf der einen Seite einen Weißkopfseeadler und auf der anderen das »Auge der Vorsehung«: ein einzelnes Auge in einer Pyramidenspitze. Dabei verblüfft, wie oft auf dem Schein die Zahl 13 vorkommt: Über dem Adler finden sich 13 Sterne und im Schild 13 Streifen, daneben sind noch 13 Olivenblätter, 13 Olivenfrüchte und 13 Pfeile zu erkennen und schließlich besteht der Wahlspruch »E pluribus unum« aus genau 13 Buchstaben.
Erstaunlich, dass es Amerikaner gibt, die trotz eines solchen unheilvollen Wappens glücklich sind.

---

verbringen den Tag hauptsächlich damit, sehnsüchtig auf sein Ende zu warten.

Der Grund für den miserablen Ruf des Freitags liegt vermutlich darin, dass Adam und Eva an einem Freitag von dem verbotenen Apfel aßen und Jesus nach christlicher Überlieferung an diesem Wochentag gekreuzigt wurde.

In Japan und China ist es die 4, die als schlimme Zahl gilt. Das liegt vermutlich daran, dass das japanische und chinesische Wort für 4 sehr ähnlich klingt wie das Wort für »Tod«. Die Abneigung gegen die 4 ist so groß, dass sie bei Straßenbezeichnungen, Hausnummern und Stockwerken, ja sogar auf Autokennzeichen möglichst nicht verwendet wird. Und Hersteller, die ihre Produkte in Japan und China verkaufen wollen, sind gut beraten, es so zu machen wie die Firma Palm, einer der bedeutendsten Hersteller von Kleinstcomputern für die Jackentasche. Die nannte den Nachfolger ihres Erfolgsmodells »Tungsten 3« einfach »Tungsten 5«.

Den Italienern dagegen sind 4 und 13 vollkommen gleichgültig, ihnen bricht der Angstschweiß aus, wenn sie es mit der 17 zu tun bekommen. Möglicherweise ist daran die römische Schreibweise der 17 schuld: XVII. Die Buchstaben kann man nämlich zum lateinischen Wort VIXI umstellen, das schlicht und einfach »Ich habe gelebt« und damit natürlich auch »Ich bin tot« bedeutet. So tief sitzt der Aberglaube, dass der Renault 17 in Italien unter der Typenbezeichnung »Renault 117« verkauft wurde und es in vielen Flugzeugen, die in Italien landen – wohlgemerkt nicht nur in italienischen –, keine Sitzreihe 17 gibt.

*T*ag für Tag entladen sich weltweit 44 000 Gewitter. Oder anders ausgedrückt: Zu jedem beliebigen Zeitpunkt kracht es an rund 2000 Orten der Erde gleichzeitig. 8 Millionen Blitze schießen dabei aus den Wolken, und da ein Tag 86 400 Sekunden hat, bedeutet das: Jede Sekunde treffen rund 100 Blitze die Erde. Im Extremfall kann ein solcher Blitz eine Stromstärke von 200 000 Ampere erreichen. Die dabei frei werdende Energie – bis zu 10 Milliarden Kilowatt – ist so groß, dass man damit den 180 000 Tonnen schweren Ozeanriesen »Queen Mary II« mehr als einen halben Meter anheben könnte.

Verglichen mit dem Licht (siehe S. 42), ist ein Blitz zwar nur etwa ein Drittel so schnell. Das würde aber immer noch ausreichen, um ihn in einer Sekunde zweimal um die Erde zu jagen. Da er extrem heiß ist, erhitzt er die unmittelbare Umgebung in Bruchteilen von Sekunden auf rund 30 000 Grad Celsius, die 6-fache Temperatur der Sonnenoberfläche (siehe S. 180). Die benachbarte Luft dehnt sich dadurch explosionsartig aus, und das erzeugt die gewaltige Druckwelle, die wir als Donner hören. Dass wir dessen Krachen erst eine ganze Weile nach dem Blitz wahrnehmen, liegt an dem im Vergleich zur Lichtgeschwindigkeit extrem langsamen Schall.

Wer wissen will, wie weit ein Gewitter entfernt ist, muss also nur die Sekunden zwischen Blitz und Donner zählen. Beide entstehen ja gleichzeitig, den Blitz sehen wir aber sofort, während der Donner einige Zeit braucht, bis er an unser Ohr dringt. Da er dabei pro Sekunde 340 Meter oder rund einen Drittel Kilometer zurücklegt, bedeuten 3 Sekunden Zeitverzögerung: Das Gewitter ist noch etwa einen Kilometer entfernt.

Blitzschnell

Obwohl natürlich kein Sportler der Welt an die Geschwindigkeit des Donners und schon gar nicht an die eines Blitzes herankommt, nennt man überragende Sprinter gern »blitzschnell«. Dazu eine kurze Frage: Wenn ein Läufer den Zweiten des Laufs überholt, der Wievielte ist er dann?

Biologisch gesehen gehören wir Menschen zu den Säugetieren. Doch im Gegensatz zu den meisten anderen Geschöpfen dieser Gruppe besitzen wir kein umhüllendes Fell, ja wir sind überhaupt nur an einigen wenigen Körperstellen behaart. Am meisten Haare wachsen uns auf dem Kopf, wobei es erstaunlicherweise je nach Farbe erhebliche Unterschiede gibt. Denn mit rund 150 000 Haaren ist die Kopfhaut eines blonden Menschen deutlich dichter bewachsen als die eines brünetten mit etwa 110 000, eines schwarzhaarigen mit circa 100 000 oder gar eines rothaarigen mit nur 90 000. Dazu kommen noch durchschnittlich 25 000 Körperhaare, 420 Wimpern und 600 Haare an den Augenbrauen. Bei dieser beachtlichen Menge kann man den täglichen Verlust von rund 90 Haaren locker verschmerzen.

Erstaunlicherweise ist die Kniescheibe mit durchschnittlich 22 Haaren je Quadratzentimeter bei fast allen Menschen dichter bewachsen als Ober- oder Unterschenkel mit 15 beziehungsweise 9 Haaren. Spitzenreiter ist natürlich der Kopf, wo auf der gleichen Fläche bis zu 320 Haare sprießen.

Was das Wachstum betrifft, so liegt ebenfalls das Kopfhaar mit $1/3$ Millimeter pro Tag an der Spitze, gefolgt von den Haaren unter der Achsel mit ¼ und denen am Oberschenkel mit $1/5$ Millimeter. Nimmt man alle Haare eines Menschen zusammen, so werden sie pro Stunde sage und schreibe 1,5 Meter länger.

Noch bemerkenswerter aber ist das Gewicht, das sie – zu einem Strang vereinigt – tragen könnten: Da jedes einzelne mit etwa 120 Gramm belastbar ist, bevor es reißt, könnte man mit einem aus sämtlichen Haaren geflochtenen Seil die enorme Last von 12 Tonnen tragen – das ist das Gewicht von etwa 10 Autos.

Wie viele Nullen?

Wie viele Nullen enthält die Zahl vierhunderttausendeinundzwanzig?

Zum Schluss noch zwei Rekorde: Die längsten jemals gemessenen Haare gehören einem Vietnamesen namens Tran Van Hay. Seit circa 35 Jahren hat er sie sich nicht mehr geschnitten und nun sind sie stolze 6,2 Meter lang.

Fast noch beeindruckender ist der längste Bart aller Zeiten. Mit dem konnte der Norweger Hans Langseth aufwarten. Als er 1928 starb, maß sein haariger Gesichtsschmuck 5,33 Meter.

Zu welch gewaltigen Bauleistungen Menschen fähig sind, sieht man an den höchsten Gebäuden der Welt, bei denen jeder Rekord allenfalls ein paar Jahre hält, bevor ein noch höherer Turm eine neue Bestmarke aufstellt (siehe S. 158). Dabei vergisst man leicht, dass es auch unter den Tieren Baumeister gibt, deren Fähigkeiten ungläubiges Kopfschütteln auslösen.

Nehmen wir zum Beispiel die Termiten. Die etwa 1 Zentimeter großen Tierchen errichten bis zu 8 Meter hohe Wohnburgen mit Wänden, die so fest sind wie massiver Stein. Könnten wir Menschen Häuser bauen, die im selben Verhältnis zu unserer Körpergröße ständen, wären diese mehr als 11 Kilometer hoch. Oder die Biber, die unumschränkten Meister des Dammbaus. Den bisher längsten errichteten Biberwall haben Wissenschaftler im kanadischen Wood Buffalo National Park entdeckt. Er misst stolze 850 Meter und wäre damit lang genug, um den Rhein an seiner breitesten Stelle zu stauen.

Wann ist eine Zahl durch 3 teilbar?

Jede beliebige Zahl ist durch 3 teilbar, wenn die Summe ihrer Ziffern, also die Quersumme, durch 3 teilbar ist. Von dieser Regel gibt es keine Ausnahme.
2 Beispiele:
Wie steht es mit 57 412?
$5 + 7 + 4 + 1 + 2 = 19$; 19 ist nicht durch 3 teilbar, also auch die 5-stellige Zahl nicht.
Und 726 435?
$7 + 2 + 6 + 4 + 3 + 5 = 27$; $27 : 3 = 9$; 726 435 ist also durch 3 teilbar. Genau gesagt 242 145-mal.

Der beste Tunnelbauer unter den Tieren ist der Maulwurf. Wenn er sich durchs Erdreich wühlt, schafft er pro Minute bis zu 30 Zentimeter. Verglichen mit einer Tunnelbohrmaschine, wie man sie für den Bau von U-Bahn-Schächten verwendet und die in derselben Zeit allenfalls 6 Zentimeter vorankommt, ist das das 5-fache Tempo.

Und auch bei der Errichtung von Hängebrücken können die Menschen von den Tieren lernen. Eine Kreuzspinne zum Beispiel verarbeitet in einer Dreiviertelstunde bis zu 20 Meter Seide zu einem stabilen, tragfähigen Netz. Das ist das 11 000-Fache ihrer Körperlänge!

Nächste Zahl

Welche Zahl folgt auf neunhundertneunundneunzigtausendneunundneunzig?

Einen Blitz (siehe S. 37) empfinden wir als extrem grelles Licht. Und Licht breitet sich mit der schier unvorstellbaren Geschwindigkeit von 300 000 Kilometern pro Sekunde aus. Das entspricht 1,1 Milliarden Stundenkilometern und ist damit 27 000-mal schneller als eine amerikanische Apollo-10-Rakete, die mit immerhin fast 40 000 Stundenkilometern durchs All fliegt.

Wie rasend schnell das Licht ist, kann man sich in etwa verdeutlichen, wenn man weiß, dass es die Erde am Äquator, ihrer dicksten Stelle, in einer einzigen Sekunde 7-mal umrunden könnte. Von der Sonne (siehe S. 180), die 150 Millionen Kilometer von uns entfernt ist, braucht es bis zur Erde nur 499 Sekunden beziehungsweise 8 Minuten und 19 Sekunden.

Man kann daher auch sagen, die Erde ist etwas mehr als 8 Lichtminuten von der Sonne entfernt. Denn eine Lichtminute ist keinesfalls eine Zeit, sondern eben die Strecke, die das Licht in einer einzigen Minute zurücklegt (rund 18 Millionen Kilometer). Weitaus gebräuchlicher als »Licht-minute« ist jedoch die Bezeichnung »Lichtjahr«, die die Entfernung an-gibt, für die das Licht trotz seiner ungeheuren Geschwindigkeit ein ganzes Jahr braucht. Man kann diese Strecke zwar in einer Zahl ausdrü-cken – rund 9,5 Billionen Kilometer –, aber wirklich vorstellen kann sie sich nicht mal ein erfahrener Astronom, obwohl der gewohnt ist, in Licht-jahren zu rechnen.

Der unserer Erde – nach der Sonne – zweitnächste Fixstern hat den merkwürdigen Namen »Proxima Centauri«. Er ist, obwohl gleichsam un-ser Nachbar, 4,22 Lichtjahre entfernt. Wäre er vor 4 Jahren verschwunden, wir würden sein Licht noch immer Nacht für Nacht am Himmel sehen. Oder anders ausgedrückt: Wir sehen Proxima Centauri heute so, wie er vor etwas mehr als vier Jahren war. Wer also durch ein Hochleistungstele-skop sieht, wirft im wahrsten Sinne des Wortes einen Blick in längst ver-gangene Zeiten.

Immer dasselbe

Notiere auf ein Blatt Papier irgendeine dreistellige Zahl und schreibe dieselbe Zahl gleich noch einmal daneben. Die auf diese Weise entstandene sechsstellige Zahl ist immer durch 7, 11 und 13 teilbar.
Wir wollen das an zwei Beispielen überprüfen:

356	812
$356\,356 : 7 = 50\,908$	$812\,812 : 7 = 116\,116$
$356\,356 : 11 = 32\,396$	$812\,812 : 11 = 73\,892$
$356\,356 : 13 = 27\,412$	$812\,812 : 13 = 62\,524$

Es stimmt tatsächlich immer.

Geografen messen gern: Sie bestimmen, wie lang ein Fluss, wie hoch ein Gebirge und wie tief ein Meer ist. Nur bei einem Wert kommen sie zu keinem präzisen Resultat: bei der Länge einer Küste. Das liegt daran, dass Meeresufer vielfach zerklüftet sind und diese Zerklüftung eine umso größere Rolle spielt, je genauer man misst. Nehmen wir einmal an, jemand verwendet zur Längenbestimmung der englischen Küste einen Meterstab, den er immer erneut ans Ende des bisher Gemessenen anlegt, bis er irgendwann wieder zum Ausgangspunkt zurückkommt. Das ist zwar extrem mühsam, liefert aber zweifellos einen exakten Wert. Verwendet er

Die 15 Länder mit den längsten Küsten

Rang	Land	Küstenlänge (km)
1	Kanada	202 000
2	Indonesien	54 700
3	Grönland	44 100
4	Russland	37 700
5	Philippinen	36 400
6	Japan	29 800
7	Australien	25 800
8	Norwegen	21 900
9	USA	19 900
10	Neuseeland	15 100
11	China	14 500
12	Griechenland	13 700
13	Großbritannien	12 400
14	Mexiko	9300
15	Italien	7600

allerdings anstelle des Meterstabs ein nur zwanzig Zentimeter langes Lineal, so dauert das Ganze nicht nur erheblich länger, sondern bringt als Ergebnis auch eine viel größere Zahl. Und bei einer Messung mit einem Zentimeterstab erhöht sich der Messwert noch einmal beträchtlich.

Wenn also von der Länge einer bestimmten Küste die Rede ist, so kann es sich immer nur um einen Annäherungswert handeln. Bei einem mittleren Maßstab kommt man in diesem Sinne auf eine Gesamtküstenlänge aller Staaten der Erde von 782 000 Kilometer. Betrachtet man die einzelnen Länder, so liegt Kanada, das ja an drei seiner vier langen Seiten von Meer umgeben ist, mit 202 000 Kilometer einsam an der Spitze. Den zweiten Platz belegt mit großem Abstand Indonesien, dessen Küsten rund 54 700 Kilometer messen. Das erste europäische Land in dieser Rangfolge ist Norwegen mit 21 900 Kilometer. Deutschland (2400 Kilometer) belegt lediglich Platz 53.

Und noch etwas: Es gibt auf der Erde immerhin 39 Länder, die überhaupt keine Küste besitzen. Dazu gehört neben so kleinen Nationen wie Österreich und der Schweiz als größtes derartiges Land die Mongolei.

Das Ostfriesen-Abitur

Ostfriesland liegt bekanntlich an der deutschen Nordseeküste. Von den Bewohnern dieses Landstrichs geht das Gerücht, sie seien beim Denken nicht die Allerschnellsten. Auf dieser – natürlich vollkommen unbegründeten Voraussetzung – beruht auch das »ostfriesische Mathematik-Abitur«, das unter anderem diese Aufgabe umfasst:
Zeichne in die folgende Gleichung einen einzigen Strich ein, durch den die Lösung richtig wird: 5 + 5 + 5 = 550 (es soll aber keine Ungleichung werden).

Welcher Ort in Deutschland den längsten Namen hat, darüber streiten sich die Experten. Schließt man Bezeichnungen mit Bindestrich aus, so dürfte Gschlachtenbretzingen – ein Dorf in der Nähe von Schwäbisch Hall – mit 21 Buchstaben Spitzenreiter sein. Im weltweiten Vergleich ist damit allerdings kein Blumentopf zu gewinnen. Einsamer Rekordhalter ist hier der poetische Name der thailändischen Hauptstadt Bangkok, der es auf unglaubliche 167 Buchstaben bringt. Allein schon sie zu zählen kann einen zur Verzweiflung bringen. »Krung thep mahanakhon bovorn ratanakosin mahin thara yutthaya mahadilok pop nopara trat chathani burirom udom ratchani vetma hasathan amornpiman avatarnsathit sakkathattiya visnu karmprasit« heißt das Wortungetüm, das so viel bedeutet wie »Stadt der Engel«. Zum Glück spricht man den Namen so gut wie nie vollständig aus, sondern begnügt sich mit der Abkürzung »Krung thep«.

Platz zwei belegt der Name eines neuseeländischen Hügels in der Sprache der Ureinwohner, der Maori. Zwar bringt er es nur auf weniger als die Hälfte der Buchstaben, dafür schreibt man die 77, aus denen er sich zusammensetzt, in einem einzigen Wort: »Taumatawhakatangihangakoa uauotamateaturipukakapikimaungahoronukupokaiwhenuakitanatahu«. Übersetzt bedeutet das so viel wie »Der Ort, an dem Tamatea, der Mann mit den starken Knien, der das Land durchwanderte und als Landmesser bekannt war, zum Andenken an seinen Bruder Flöte spielte«.

Und die längste europäische Ortsbezeichnung? Die findet sich in Wales und lautet »LIanfairpwllgwyngyllgogerychwyrndrobwllllantysiiliogogogoch«. Sie besteht aus 58 Buchstaben und bedeutet »Die Kirche St. Mary in der Mulde des weißen Haselnussstrauchs in der Nähe eines reißenden Strudels und der Kirche von St. Tysilio bei der roten Höhle«. Den unaussprechlichen Namen, der weit und breit berühmt ist, hatte man sich im 19. Jahrhundert als etwas skurrile Touristenattraktion ausgedacht.

Apropos unaussprechlich: Da gibt es auch eine ganze Reihe kürzerer Namen, bei denen man seine liebe Mühe hat: etwa beim tschechischen Hrebecníky-Šlovice, beim ungarischen Hódmezővásárhely oder Székesfehérvár, beim italienischen Montechiarugolo oder Casalpusterlengo sowie beim französischen Castelnau-de-Montmirail.

0, 1 und 81 haben etwas gemeinsam

Diese drei Zahlen sind die einzigen, deren Quersumme gleichzeitig ihre Quadratwurzel ist.
$\sqrt{0} = 0$
$\sqrt{1} = 1$
$\sqrt{81} = 9 = 8 + 1$
Keine andere Zahl weist diese Eigenschaft auf.

Es ist Samstagnachmittag. Vater, Mutter und Kinder haben sich um den Wohnzimmertisch versammelt, jeder mit einem kleinen Haufen quadratischer Steinchen vor sich, auf denen nichts als ein einziger Buchstabe und eine winzige Ziffer steht. Auf dem Spielbrett werden aus den Buchstabensteinchen Wörter, ein Wort ergibt das andere und am Schluss fügt sich alles zu einem großen Kreuzworträtsel zusammen.

Die Rede ist von Scrabble, einem mittlerweile mehr als 60 Jahre alten Brettspiel, das fast jeder kennt und die meisten auch schon gespielt haben. »Scrabble« – das Wort selbst bringt gerade mal 16 Punkte – wurde mehr als 100 Millionen Mal verkauft. Man findet es in über 120 Ländern der Erde, ja es gibt sogar Spielsteine mit arabischen, chinesischen und russischen Zeichen, und selbst eine Version in Blindenschrift ist erhältlich. Für das amerikanische Magazin »Time« gehört Scrabble zu den 100 wichtigsten Erfindungen des 20. Jahrhunderts und liegt mit Rang 57 sogar noch vor Farbfernseher und Handy.

Mittlerweile gibt es auch richtige Turniere und Meisterschaften mit Champions und Rekorden. Das bislang höchste Einzelergebnis brachte das Wort WACHSTUM über zwei rote Prämienfelder (dreifacher Wortwert) – also 9-fach gewertet – mit 203 Punkten. Da würde man gern wissen, was theoretisch überhaupt an Punkten möglich ist. Tatsächlich haben sich begeisterte Scrabbler über diese Frage intensiv Gedanken gemacht und sind zu dem Schluss gekommen, dass es wohl das Wort ENZYKLOPÄDISCHE ist, das im Idealfall – bei geeigneter Position auf dem Brett und gleichzeitiger Verlängerung mehrerer Wörter in Querrichtung – 1753 Punkte einbringen kann.

Kaprekar-Zahlen

Nimm irgendeine vierstellige Zahl, bei der nicht alle Ziffern gleich sind. Nun ordne die Ziffern zuerst von der größten zur kleinsten und dann umgekehrt von der kleinsten zur größten und ziehe die kleinere Zahl von der größeren ab. Diesen Vorgang wiederhole mehrere Male.

Beispiel: Ausgangszahl 1958

größte Zahl: 9851, kleinste Zahl: 1589

$9851 - 1589 = 8262$

$8622 - 2268 = 6354$

$6543 - 3456 = 3087$

$8730 - 0378 = 8352$

$8532 - 2358 = 6174$

$7641 - 1467 = 6174$

Wenn du so weitermachst, stellst du fest, dass sich von nun an die Zahl 6174 immerzu wiederholt.

Der indische Mathematiker D. R. Kaprekar entdeckte 1955, dass man bei diesem Prozess – ganz egal, mit welcher Zahl man anfängt – nach einigen Schritten immer die 6174 erreicht.

Diese Zahl bezeichnet man seither als »Kaprekar-Konstante«. Für dreistellige Zahlen lautet sie 495. Probier es mal aus.

Spricht man von besonders flinken Tieren, so fällt unweigerlich der Name Gepard. Tatsächlich kann die schlanke Raubkatze bei der Verfolgung einer Gazelle bis auf 110 Stundenkilometer beschleunigen und ist dann mehr als dreimal so schnell wie der menschliche 100-Meter-Weltrekordler. Auf Platz 2 folgt mit knappem Abstand die amerikanische Pronghorn-Antilope. Das etwa damhirschgroße Tier rast, wenn es sein muss, mit bis zu 105 Stundenkilometern über die Prärie.

Unter Wasser hält den Geschwindigkeitsrekord der Pazifische Fächerfisch, der es ebenfalls auf Tempo 110 bringt (der exakt gemessene Rekord liegt bei 109,7 Stundenkilometern). Er kommt in allen äquatornahen Meeren vor und ist leicht an seiner riesigen Rückenflosse zu erkennen. Nur wenig langsamer ist der Blaue Marlin: Bei der Jagd auf Beutefische schießt er mit knapp 100 Stundenkilometern durchs Wasser. Wie schnell das ist, wird beim Vergleich mit menschlichen Topschwimmern deutlich. Von denen kommen nämlich selbst die Allerbesten bei einem 100-Meter-Freistil-Sprint nur auf lächerliche 7 Stundenkilometer.

Immer wieder Quadratzahlen

Die kleinste ungerade Zahl ist die 1, die nächste die 3. Zählt man beide zusammen, so erhält man mit der 4 eine Quadratzahl. Addiert man zu dieser die nächste ungerade Zahl, die 5, so lautet das Ergebnis 9 – das ist wieder eine Quadratzahl. Dazu die nächste ungerade – die 7 – addiert, führt wieder zu einer Quadratzahl (16). Und so geht das immer weiter:

$16 + 9 = 25$, $25 + 11 = 36$, $36 + 13 = 49 \dots$

Bei den
Vögeln hält der an
eine Rauchschwalbe erinnernde
Spitzschwanzsegler mit Tempo 170 den Rekord,
gefolgt vom Fregattvogel, einem tropischen Hochseejäger, der
im schnellen Flug knapp 150 Stundenkilometer erreicht. Noch rasanter
jagt der auch bei uns heimische Wanderfalke durch die Luft, wenn er hoch
fliegend weit unter sich ein Beutetier entdeckt. Dann legt er blitzschnell
die Flügel an, kippt in die Senkrechte und rauscht mit 350 Sachen in die
Tiefe. Damit ist er der schnellste Greifvogel überhaupt.

Eine Zahl erhält dann den Vorsatz »Prim-«, wenn sie nur durch 1 und sich selbst teilbar ist. Demzufolge ist 2 die kleinste Primzahl, danach geht es mit 3, 5, 7, 11, 13, 17, 19 und 23 weiter. Da alle anderen Zahlen Produkte von Primzahlen und damit aus ihnen zusammengesetzt sind (Beispiele: $39 = 3 \times 13$; $75 = 3 \times 5 \times 5$), haben Primzahlen in der Mathematik nahezu dieselbe überragende Bedeutung wie die Elemente in der Chemie.

Eine höchst bemerkenswerte Primzahl

Auf den ersten Blick scheint an der Zahl 73 939 133 nichts Besonderes zu sein. Zwar ist sie eine Primzahl, doch das ist ja für sich genommen noch keine so bedeutende Entdeckung, da es, wie gesagt, weitaus größere gibt. Was die 73 939 133 unter allen Primzahlen auszeichnet, ist, dass man vom Ende her beliebig viele Ziffern abschneiden kann und immer wieder eine Primzahl erhält. Das trifft zwar auch auf kleinere – beispielsweise die 23 – zu, aber die Zahl 73 939 133 ist die größte bekannte Zahl mit dieser verblüffenden Eigenschaft.

Bereits 1851 hat ein russischer Wissenschaftler bewiesen, dass es zwischen jeder ganzen Zahl und ihrem Doppelten mindestens eine Primzahl gibt. So finden sich beispielsweise zwischen 6 und 12 gleich zwei davon, nämlich 7 und 11. Und noch viel früher, im 4. Jahrhundert vor Christus, hat der berühmte griechische Mathematiker Euklid in seinem Buch »Die Elemente« dargelegt, dass es keine größte Primzahl gibt, sich also immer eine noch größere finden lässt. Das bedeutet nichts anderes, als dass unendlich viele existieren (siehe Seite 206). Seit jeher ist es daher für Zahlenbegeisterte eine höchst spannende Aufgabe, eine Primzahl mit möglichst vielen Stellen zu finden.

Das größte Rätsel, das die Primzahlen aus mathematischer Sicht bieten, ist ihre scheinbar völlig unregelmäßige Verteilung zwischen den anderen Zahlen. Generationen von Mathematikern haben versucht, ein Muster oder Gesetz zu entdecken, doch bislang ohne Erfolg. Daher bleibt bei der Suche nach immer größeren Primzahlen nichts anderes übrig, als sie einzeln ausfindig zu machen, das heißt, jeden Kandidaten probeweise durch sämtliche möglichen Teiler zu dividieren (von denen es naturgemäß umso mehr gibt, je größer die zu prüfende Zahl ist). Nur wenn das in keinem einzigen Fall ohne Rest gelingt, handelt es sich um eine Primzahl. Trotz dieses enormen Aufwands hat man mithilfe von Hochleistungsrechnern immer größere Primzahlen ausfindig gemacht. Der Rekord liegt mittlerweile bei einer Zahl mit fast 8 Millionen Stellen. Sie wurde von zahlreichen gemeinsam arbeitenden Computern ermittelt, die zusammengenommen 13 000 Jahre beschäftigt waren, bis sie endlich ihr erstaunliches Resultat lieferten. Würde man es in Schriftgröße 12p ausdrucken, müsste das Papier fast 50 Kilometer lang sein, oder aber man könnte mit der Zahl 10 dicke Bücher füllen.

Es gibt auch Mirpzahlen

Eine Mirpzahl – MIRP ist PRIM in umgekehrter Reihenfolge geschrieben – ist eine Primzahl, die von hinten gelesen auch wieder eine Primzahl ergibt. Die kleinste ist die 13 mit dem Kehrwert 31. Die nächsthöhere ist die 17, dann folgen die bereits erwähnte 31 und anschließend die 37. Und dann?

Tatsächlich lohnt es sich, nach riesigen Primzahlen zu fahnden: Für die Entdeckung einer solchen Zahl mit mehr als 10 Millionen Stellen ist eine Belohnung von 1 Million Dollar ausgesetzt.

Übrigens verwendet man große Primzahlen gern zur Erzeugung von Geheimcodes, mit denen man zum Beispiel Online-Überweisungen verschlüssel. Denn es ist nahezu unmöglich, ein Produkt riesiger Primzahlen in seine Faktoren zu zerlegen, und das wäre zum Knacken des Codes unabdingbar erforderlich.

Und noch ein bemerkenswertes Faktum: Sogar Insekten verwenden Primzahlen, um sich vor Feinden zu schützen. So leben einige Zikaden 13 oder 17 Jahre als unterirdische Larven, bevor sie als erwachsene Tiere an der Oberfläche erscheinen. Da Räuber, die ihnen gefährlich werden können, in der Regel einen zwei- oder dreijährigen Vermehrungszyklus besitzen und da weder 13 noch 17 durch 2 oder 3 teilbar sind, haben die Zikaden nach dem Schlüpfen weitgehend ihre Ruhe.

2, 3, 5, 7, 11, 13, 17, 19, 23, 29, 31, 37, 41, 43, 47, 53, 59, 61, 67, 71, 73, 79, 83, 89, 97, 101, 103, 107, 109, 113, 127, 131, 137, 139, 149, 151, 157, 163, 167, 173, 179, 181, 191, 193, 197, 199, 211, 223, 227, 229, 233, 239, 241, 251, 257, 263, 269, 271, 277, 281, 283, 293, 307, 311, 313, 317, 331, 337, 347, 349, 353, 359, 367, 373, 379, 383, 389, 397, 401, 409, 419, 421, 431, 433, 439, 443, 449, 457, 461, 463, 467, 479, 487, 491, 499, 503, 509, 521, 523, 541, 547, 557, 563, 569, 571, 577, 587, 593, 599, 601, 607, 613, 617, 619, 631, 641, 643, 647, 653, 659, 661, 673, 677, 683, 691, 701, 709, 719, 727, 733, 739, 743, 751, 757, 761, 769, 773, 787, 797, 809, 811, 821, 823, 827, 829, 839, 853, 857, 859, 863, 877, 881, 883, 887, 907, 911, 919, 929, 937, 941, 947, 953, 967, 971, 977, 983, 991, 997, 1009, 1013, 1019, 1021, 1031, 1033, 1039, 1049, 1051, 1061, 1063, 1069, 1087, 1091, 1093, 1097, 1103, 1109, 1117, 1123, 1129, 1151, 1153, 1163, 1171, 1181, 1187, 1193, 1201, 1213, 1217, 1223, 1229, 1231, 1237, 1249, 1259, 1277, 1279, 1283, 1289, 1291, 1297, 1301, 1303, 1307, 1319, 1321, 1327, 1361, 1367, 1373, 1381, 1399, 1409, 1423, 1427, 1429, 1433, 1439, 1447, 1451, 1453, 1459, 1471, 1481, 1483, 1487, 1489, 1493, 1499, 1511, 1523, 1531, 1543, 1549, 1553, 1559, 1567, 1571, 1579, 1583, 1597, 1601, 1607, 1609, 1613, 1619, 1621, 1627, 1637, 1657, 1663, 1667, 1669, 1693, 1697, 1699, 1709, 1721, 1723, 1733, 1741, 1747, 1753, 1759, 1777, 1783, 1787, 1789, 1801, 1811, 1823, 1831, 1847, 1861, 1867, 1871, 1873, 1877, 1879, 1889, 1901, 1907, 1913, 1931, 1933, 1949, 1951, 1973, 1979, 1987, 1993, 1997, 1999, 2003, 2011, 2017, 2027, 2029, 2039, 2053, 2063, 2069, 2081, 2083, 2087, 2089, 2099, 2111, 2113, 2129, 2131, 2137, 2141, 2143, 2153, 2161, 2179, 2203, 2207, 2213, 2221, 2237, 2239, 2243, 2251, 2267, 2269, 2273, 2281, 2287, 2293, 2297, 2309, 2311, 2333, 2339, 2341, 2347, 2351, 2357, 2371, 2377, 2381, 2383, 2389, 2393, 2399, 2411, 2417, 2423, 2437, 2441, 2447, 2459, 2467, 2473, 2477, 2503, 2521, 2531, 2539, 2543, 2549, 2551, 2557, 2579, 2591, 2593, 2609, 2617, 2621, 2633, 2647, 2657, 2659, 2663, 2671, 2677, 2683, 2687, 2689, 2693, 2699, 2707, 2711, 2713, 2719, 2729, 2731, 2741, 2749, 2753, 2767, 2777, 2789, 2791, 2797, 2801, 2803, 2819, 2833, 2837, 2843, 2851, 2857, 2861, 2879, 2887, 2897, 2903, 2909, 2917, 2927, 2939, 2953, 2957, 2963, 2969, 2971, 2999, 3001, 3011, 3019, 3023, 3037, 3041, 3049, 3061, 3067, 3079, 3083, 3089, 3109, 3119, 3121, 3137, 3163, 3167, 3169, 3181, 3187, 3191, 3203, 3209, 3217, 3221, 3229, 3251, 3253, 3257, 3259, 3271, 3299, 3301, 3307, 3313, 3319, 3323, 3329, 3331, 3343, 3347, 3359, 3361, 3371, 3373, 3389, 3391, 3407, 3413, 3433, 3449, 3457, 3461, 3463, 3467, 3469, 3491, 3499, 3511, 3517, 3527, 3529, 3533, 3539, 3541, 3547, 3557, 3559, 3571, 3581, 3583, 3593, 3607, 3613, 3617, 3623, 3631, 3637, 3643, 3659, 3671, 3673, 3677, 3691, 3697, 3701, 3709, 3719, 3727, 3733, 3739, 3761, 3767, 3769, 3779, 3793, 3797, 3803, 3821, 3823, 3833, 3847, 3851, 3853, 3863, 3877, 3881, 3889, 3907, 3911, 3917, 3919, 3923, 3929, 3931, 3943, 3947, 3967, 3989, 4001, 4003, 4007, 4013, 4019, 4021, 4027, 4049, 4051, 4057, 4073, 4079, 4091, 4093, 4099, 4111, 4127, 4129, 4133, 4139, 4153, 4157, 4159, 4177, 4201, 4211, 4217, 4219, 4229, 4231, 4241, 4243, 4253, 4259, 4261, 4271, 4273, 4283, 4289, 4297, 4327, 4337, 4339, 4349, 4357, 4363, 4373, 4391, 4397, 4409, 4421, 4423, 4441, 4447, 4451, 4457, 4463, 4481, 4483, 4493, 4507, 4513, 4517, 4519, 4523, 4547, 4549, 4561, 4567, 4583, 4591, 4597, 4603, 4621, 4637, 4639, 4643, 4649, 4651, 4657, 4663, 4673, 4679, 4691, 4703, 4721, 4723, 4729, 4733, 4751, 4759, 4783, 4787, 4789, 4793, 4799, 4801, 4813, 4817, 4831, 4861, 4871, 4877, 4889, 4903, 4909, 4919, 4931, 4933, 4937, 4943, 4951, 4957, 4967, 4969, 4973, 4987, 4993, 4999, 5003, 5009, 5011, 5021, 5023, 5039, 5051, 5059, 5077, 5081, 5087, 5099, 5101, 5107, 5113, 5119, 5147, 5153, 5167, 5171, 5179, 5189, 5197, 5209, 5227, 5231, 5233, 5237, 5261, 5273, 5279, 5281, 5297, 5303, 5309, 5323, 5333, 5347, 5351, 5381, 5387, 5393, 5399, 5407, 5413, 5417, 5419, 5431, 5437, 5441, 5443, 5449, 5471, 5477, 5479, 5483, 5501, 5503, 5507, 5519, 5521, 5527, 5531, 5557, 5563, 5569, 5573, 5581, 5591, 5623, 5639, 5641, 5647, 5651, 5653, 5657, 5659, 5669, 5683, 5689, 5693, 5701, 5711, 5717, 5737, 5741, 5743, 5749, 5779, 5783, 5791, 5801, 5807, 5813, 5821, 5827, 5839, 5843, 5849, 5851, 5857, 5861, 5867, 5869, 5879, 5881, 5897, 5903, 5923, 5927, 5939, 5953, 5981, 5987, 6007, 6011, 6029, 6037, 6043, 6047, 6053, 6067, 6073, 6079, 6089, 6091, 6101, 6113, 6121, 6131, 6133, 6143, 6151, 6163, 6173, 6197, 6199, 6203, 6211, 6217, 6221, 6229, 6247, 6257, 6263, 6269, 6271, 6277, 6287, 6299, 6301, 6311, 6317, 6323, 6329, 6337, 6343, 6353, 6359, 6361, 6367, 6373, 6379, 6389, 6397, 6421, 6427, 6449, 6451, 6469, 6473, 6481, 6491, 6521, 6529, 6547, 6551, 6553, 6563, 6569, 6571, 6577, 6581, 6599, 6607, 6619, 6637, 6653, 6659, 6661, 6673, 6679, 6689, 6691, 6701, 6703, 6709, 6719, 6733, 6737, 6761, 6763, 6779, 6781, 6791, 6793, 6803, 6823, 6827, 6829, 6833, 6841, 6857, 6863, 6869, 6871, 6883, 6899, 6907, 6911, 6917, 6947, 6949, 6959, 6961, 6967, 6971, 6977, 6983, 6991, 6997, 7001, 7013, 7019, 7027, 7039, 7043, 7057, 7069, 7079, 7103, 7109, 7121, 7127, 7129, 7151, 7159, 7177, 7187, 7193, 7207, 7211, 7213, 7219, 7229, 7237, 7243, 7247, 7253, 7283, 7297, 7307, 7309, 7321, 7331, 7333, 7349, 7351, 7369, 7393, 7411, 7417, 7433, 7451, 7457, 7459, 7477, 7481, 7487, 7489, 7499, 7507, 7517, 7523, 7529, 7537, 7541, 7547, 7549, 7559, 7561, 7573, 7577, 7583, 7589, 7591, 7603, 7607, 7621, 7639, 7643, 7649, 7669, 7673, 7681, 7687, 7691, 7699, 7703, 7717, 7723, 7727, 7741, 7753, 7757, 7759, 7789, 7793, 7817, 7823, 7829, 7841, 7853, 7867, 7873, 7877, 7879, 7883, 7901, 7907, 7919, 7927, 7933, 7937, 7949, 7951, 7963, 7993, 8009, 8011, 8017, 8039, 8053, 8059, 8069, 8081, 8087, 8089, 8093, 8101, 8111, 8117, 8123, 8147, 8161, 8167, 8171, 8179, 8191, 8209, 8219, 8221, 8231, 8233, 8237, 8243, 8263, 8269, 8273, 8287, 8291, 8293, 8297, 8311, 8317, 8329, 8353, 8363, 8369, 8377, 8387, 8389, 8419, 8423, 8429, 8431, 8443, 8447, 8461, 8467, 8501, 8513, 8521, 8527, 8537, 8539, 8543, 8563, 8573, 8581, 8597, 8599, 8609, 8623, 8627, 8629, 8641, 8647, 8663, 8669, 8677, 8681, 8689, 8693, 8699, 8707, 8713, 8719, 8731, 8737, 8741, 8747, 8753, 8761, 8779, 8783, 8803, 8807, 8819, 8821, 8831, 8837, 8839, 8849, 8861, 8863, 8867, 8887, 8893, 8923, 8929, 8933, 8941, 8951, 8963, 8969, 8971, 8999, 9001, 9007, 9011, 9013, 9029, 9041, 9043, 9049, 9059, 9067, 9091, 9103, 9109, 9127, 9133, 9137, 9151, 9157, 9161, 9173, 9181, 9187, 9199, 9203, 9209, 9221, 9227, 9239, 9241, 9257, 9277, 9281, 9283, 9293, 9311, 9319, 9323, 9337, 9341, 9343, 9349, 9371, 9377, 9391, 9397, 9403, 9413, 9419, 9421, 9431, 9433, 9437, 9439, 9461, 9463, 9467, 9473, 9479, 9491, 9497, 9511, 9521, 9533, 9539, 9547, 9551, 9587, 9601, 9613, 9619, 9623, 9629, 9631, 9643, 9649, 9661, 9677, 9679, 9689, 9697, 9719, 9721, 9733, 9739, 9743, 9749, 9767, 9769, 9781, 9787, 9791, 9803, 9811, 9817, 9829, 9833, 9839, 9851, 9857, 9859, 9871, 9883, 9887, 9901, 9907, 9923, 9929, 9931, 9941, 9949, 9967, 9973

Würde man die gesamte Menschheit auf ein Dorf von 100 Einwohnern reduzieren, dabei aber den prozentualen Anteil aller Gruppen der Weltbevölkerung beibehalten, so würden sich die Dorfbewohner in etwa so zusammensetzen:

- 57 Asiaten
- 21 Europäer
- 14 Nord- und Südamerikaner
- 8 Afrikaner
- 52 Frauen
- 48 Männer
- 70 Nichtweiße

- 30 Weiße
- 70 Nichtchristen
- 30 Christen
- 89 Heterosexuelle
- 11 Homosexuelle
- 1 mit Computer
- 1 mit Universitätsabschluss

Besonders bemerkenswert ist, dass sich nur 6 Einwohner 59 Prozent des gesamten Vermögens teilen würden und diese 6 allesamt Nordamerikaner wären. 80 Dorfbewohner lebten nicht in menschenwürdigen Wohnungen, 70 könnten weder schreiben noch lesen und 50 – das heißt jeder Zweite – hätten immerzu Hunger.

Und auf jeden, der stirbt, kämen zwei, die neu geboren werden.

Merkwürdige Addition

Wo stimmt die Rechnung $10 + 3 = 1$?

Neben Hunden, Katzen und Aquarienfischen sind Wellensittiche wohl die Tiere, die am häufigsten in menschlichen Wohnungen gehalten werden. Frei herumfliegend kommen sie fast ausschließlich in Australien vor, wo sie in zum Teil riesigen Schwärmen von Wasserstelle zu Wasserstelle schwirren – wenn sie es eilig haben, mit bis zu 100 Stundenkilometern. Das tun sie allerdings durchschnittlich nur 3 bis 4 Jahre, dann ist ihr Ende gekommen.

Dagegen werden die bunten Vögel in Gefangenschaft, wo sie keine Feinde haben und man ihnen Tag für Tag zu fressen und zu trinken gibt, ohne Weiteres 10 bis 15 Jahre alt. Den Rekord hält ein grüner Sittich namens Charlie aus Stonebridge bei London, der beachtliche 29 Jahre und

2 Monate alt wurde. Man weiß das so genau, weil er 1948 in Gefangenschaft geboren wurde und dort bis zu seinem Tod im Jahr 1977 munter herumflatterte.

Vielen Menschen sind Wellensittiche allein schon deshalb so sympathisch, weil man ihnen ohne große Mühe beibringen kann, einfache Wörter nachzuplappern. Den Rekord hält bis heute ein Vogel namens Puck, der in Kalifornien lebte und im Jahr seines Todes 1994 nachweislich 1728 Wörter verständlich aussprechen konnte.

Doch damit ist Puck keineswegs der berühmteste sprechende Wellensittich aller Zeiten. Dieser Ruhm gebührt einem Vogel namens Sparkie Williams, der ein Repertoire von 531 Wörtern, 383 kompletten Sätzen und 10 Kinderreimen beherrschte. In seinen redseligsten Jahren besprach er sogar eine Schallplatte, und zwar in einem näselnden Tonfall mit Lall-Einlagen, wie das in England bei reichen Ladys der Oberschicht üblich ist, wenn sie ein bisschen zu viel getrunken haben.

Geburtstag

Wenn du den Geburtstag eines Freundes wissen möchtest, kannst du ihm folgende Aufgabe stellen:

»Verdopple die Tageszahl deines Geburtstages und addiere 5 dazu; multipliziere das Ergebnis mit 50 und addiere die Monatszahl.«

Lass dir das Ergebnis nennen und ziehe davon im Kopf 250 ab. Die letzten beiden Ziffern deiner Zahl sagen dir den Monat und die davor den Tag des Geburtstages. Hast du zum Beispiel als Ergebnis die Zahl 2305 herausbekommen, so hat dein Freund am 23. 05. Geburtstag, und beim Resultat 206 fällt das Fest auf den 2. Juni.

Wenn jemand eine nur scheinbar wahre Behauptung aufstellt und diese dazu auch noch mit falschen Zahlen begründet oder wichtige Fakten ganz unterschlägt, spricht man abfällig von einer »Milchmädchenrechnung«. Doch damit beleidigt man ein echtes Milchmädchen, das seine Kunden immer aufs Neue mit einer höchst pfiffigen Rechenmethode verblüffte. Die junge Frau verkaufte Anfang des 20. Jahrhunderts für die Berliner Firma Carl Bolle Milch an Hausfrauen, und man sagt, sie habe das Einmaleins nur bis 5 mal 5 beherrscht.

Wenn es darum ging, Zahlen zwischen 5 und 10 miteinander zu multiplizieren, bediente sie sich eines verblüffenden Tricks: Sie streckte aus der geschlossenen Faust der linken Hand nacheinander Finger für die erste Ziffer heraus und zog davon ab der Zahl 6 einen nach dem anderen wieder ein. So blieben beispielsweise bei der Zahl 7 drei Finger gestreckt. Dasselbe tat sie für die zweite Zahl mit den Fingern der rechten Hand. Anschließend zählte sie die ausgestreckten Finger beider Hände zusammen und merkte sich die Zahl als Zehnerstelle des gesuchten Ergebnisses. Zum Schluss multiplizierte sie die Zahl der gestreckten Finger beider Hände miteinander – bis 5×5 klappte das ja – und hatte so die Einerstelle gefunden.

Ein Beispiel:
7×8
Linke Hand: 3 Finger, rechte Hand: 2 Finger
$3 + 2 = 5$; das ist die Zehnerstelle
$3 \times 2 = 6$, das ist die Einerstelle
Das Ergebnis lautet also 56. Wer weiter als 5×5 rechnen kann, erkennt sofort, dass das Ergebnis stimmt.

Kein Mensch weiß, wo das Mädchen diese Methode gelernt hatte. Fest steht jedoch, dass der Begriff »Milchmädchenrechnung« im allgemeinen Sprachgebrauch eigentlich vollkommen falsch verwendet wird.

Noch ein verblüffender Trick

Bitte einen Freund, die letzten beiden Ziffern seiner Telefonnummer in einen Taschenrechner einzutippen. Dazu soll er die Anzahl der Knöpfe an seinem Hemd oder die Zahl der Euros in seinem Geldbeutel addieren und dazu weiter sein Alter und seine Hausnummer. Vom Ergebnis bitte ihn, die Zahl seiner Geschwister und anschließend die 12 abzuziehen. Schließlich soll er noch seine Lieblingszahl addieren und das Ergebnis mit 18 multiplizieren.
Aus der Zahl, die er so erhält, soll er die Quersumme bilden (also alle Ziffern addieren), und wenn das Resultat mehr als eine Stelle hat, daraus noch einmal die Quersumme errechnen, bis schließlich eine einzige Ziffer übrig bleibt. Jetzt behauptest du, du hättest in Gedanken mitgerechnet, und das Ergebnis sei 9.
Dein Freund wird total verblüfft sein, denn er weiß eines nicht: Welche Zahlen er auch eingegeben hat, das Ergebnis ist immer 9. Warum das so ist, erfährst du in den Auflösungen.

Stellt man sich in Deutschland auf eine belebte Straße und ruft laut »Müller!«, so kann man sicher sein, dass sich eine ganze Menge Passanten umdrehen. Denn auf den guten alten Namen Müller hören hierzulande nicht weniger als 10,6 Prozent der Menschen, das heißt, mehr als jeder Zehnte. Der Name geht auf die Wassermüller (lateinisch: »molinarius«) zurück, weshalb »Müllner« genau genommen noch älter ist. Doch da natürlich auch in vielen anderen Ländern Korn gemahlen wird, gibt es den Namen fast überall auf der Welt, zum Beispiel als Molinari, Meunier, Molnar, Mielnik und so weiter.

Einen großen Vorteil haben die Müllers: Sie müssen ihren Namen nicht jedes Mal umständlich buchstabieren wie die vielen Schmids, Schmidts oder Schmitts (nicht zu vergessen auch die Schmieds, Schmiedts und Schmits), von denen mit rund 10,2 Prozent ebenfalls ganz schön viele unter uns leben. Noch schwieriger ist die korrekte Schreibweise bei den Meyers, Meiers, Maiers und Mayers (dazu noch den Mairs und Mayrs), die etwas mehr als 8 Prozent der deutschen Bevölkerung stellen. Wie man sieht, gibt es bei ihnen gleich sechs Schreibweisen, die sich von der Aussprache her praktisch nicht unterscheiden. Die meisten Meyers mit ey (mehr als 800 pro Million Einwohner) leben in Nord- und Nordwestdeutschland, während es im entgegengesetzten Teil unseres Landes, im Südosten, durchschnittlich nur etwa 300 sind. Dafür findet man Mayers mit ay nahezu ausschließlich im Süden (ebenfalls mehr als 800 pro Million); in Norddeutschland heißt nicht einmal jeder 200. so. Noch typischer süddeutsch ist die Schreibweise Mayr (ohne e nach dem ay). Während sie in Oberbayern so verbreitet ist wie die Version Meyer in Niedersachsen, tragen an der deutschen Nordseeküste allenfalls 10 von 1 Million Menschen den Nachnamen Mayr – und die sind mit ziemlicher Sicherheit zugezogen.

Addiert man die Anzahl der Müllers, Schmidts und Meyers in all ihren Schreibweisen, so wird deutlich, dass bei uns fast jeder Dritte auf einen dieser Namen hört. Auf den nächsten Plätzen folgen – weit abgeschlagen – Hof(f)mann, Fischer, Weber und Becker. Auch sie sind allesamt von Berufsbezeichnungen abgeleitet.

Blickt man allerdings über unsere Grenzen, so stellt man fest, dass der deutsche Spitzenreiter Müller ebenso wie der englische Name Smith, den immerhin rund 800 000 Menschen tragen, bei Weitem nicht die häufigsten der Welt sind. Diesen Rekord hält mit großem Abstand der chinesische Name Tschang. Schätzungsweise 100 Millionen Menschen fühlen sich betroffen, wenn sie ihn hören.

Nicht den Namen, aber das Alter erraten

Willst du herausbekommen, wie alt jemand ist, bitte ihn einfach, die Zahl seiner Lebensjahre zu verdoppeln. Anschließend soll er 5 hinzuaddieren, die Summe mit 5 multiplizieren und dir das Ergebnis nennen.
Wenn du von dieser Zahl die letzte Ziffer streichst und vom Rest 2 abziehst, hast du das Alter.
Nennt dir dein Onkel zum Beispiel als Ergebnis die Zahl 435, so ist er 41 (43 − 2) Jahre alt.

Kann man zu einer Zahl beliebig oft cinc andere addieren, ohne dass das Ergebnis unendlich groß (siehe S. 206) wird? Auf den ersten Blick scheint das unmöglich und doch geht es problemlos.

Sehen wir uns einmal die folgende Reihe an: $\frac{1}{2} + \frac{1}{4} + \frac{1}{8} + \frac{1}{16} + \ldots$ Die drei Punkte am Ende bedeuten, dass immer neue Bruchzahlen hinzuaddiert werden sollen, und zwar ohne Ende. Tut man das, so stellt man fest, dass das Ergebnis zwar größer und größer, die Zahl 1 aber nie erreicht wird. Das liegt an der Tatsache, dass die neuen Summanden – die zu addierenden Zahlen – immer nur halb so groß sind wie der verbleibende Abstand zur 1.

Man kann sich das Prinzip anhand einer Torte klarmachen, von der man zunächst die Hälfte, dann ein Viertel und dann ein Achtel abschneidet. Übrig bleibt das letzte Tortenachtel. Halbiert man dieses, hat man nur noch ein winziges Stück, aber der Kuchen ist trotzdem noch nicht ganz weg. Das ist er auch nicht, wenn man das verbliebene Stück wieder halbiert und so weiter. Wir sehen: Auf diese Weise bekommen wir zwar nie den ganzen Kuchen, aber wenn wir nur immer mehr Stücke abschneiden trotzdem so viel von ihm, wie wir wollen.

Anders sieht es bei folgender Reihe aus: $\frac{1}{2} + \frac{1}{3} + \frac{1}{4} + \frac{1}{5} + \frac{1}{6} + \ldots$

Die ähnelt zwar der ersten, verhält sich aber komplett anders. Dass das Ergebnis nicht bei 1 haltmacht, sondern deutlich größer sein muss, wird schon daraus ersichtlich, dass allein die ersten drei Brüche $\frac{1}{2} + \frac{1}{3} + \frac{1}{4}$ zusammen mehr als 1 ($\frac{13}{12} = 1\frac{1}{12}$) ergeben. Und mit jedem weiteren Bruch, so winzig er auch sein mag, wird die Summe ein klein wenig größer. Irgendwann erreicht sie den Wert 100, dann den Wert 1000 und schließlich auch 1 Million. Aber damit ist noch keineswegs Schluss. Vielmehr ist das Ergebnis dieser Berechnung am Ende auch wieder unendlich.

Der Seerosenteich

Auf einem Teich wachsen Seerosen. Überall dort, wo Blätter sind, ist kein Wasser mehr sichtbar. So rasant breiten sich die Pflanzen aus, dass sich die von ihnen bedeckte Fläche jeden Tag verdoppelt. Nach genau 100 Tagen ist schließlich der ganze See zugewachsen. Wann war der halbe See bedeckt?

Noch gar nicht lange ist es her, da rechnete man auch schwierige Additionen, Multiplikationen und Prozentaufgaben mit dem Kopf, tippte Geschäftsbriefe auf der Schreibmaschine und schickte Freunden und Bekannten handgeschriebene Grüße und Benachrichtigungen. Heutzutage hat man für all das Computer. Selbst im Mathematikunterricht sind die elektronischen Wunderkästen unentbehrlich geworden, lösen sie doch in Sekundenbruchteilen hochkomplizierte Berechnungen und zeichnen mathematische Kurven, zu denen selbst der begabteste Schüler Stunden benötigen würde. So leistungsfähig sind die handlichen Geräte mittlerweile, dass sie mehr als die vierfache Datenmenge des Großcomputers verarbeiten können, mit dem die Amerikaner 1969 den kompletten Flug zum Mond steuerten.

Bitte ohne Computer

Versuche, innerhalb einer Minute vier ungerade Zahlen zu finden, die zusammen 21 ergeben. Jede ungerade Zahl darf dabei auch mehrfach verwendet werden.

Die US-Amerikaner sind es auch, die weltweit die meisten elektronischen Rechner verwenden. Insgesamt sind es knapp 240 Millionen Computer oder umgerechnet auf 1000 Einwohner 794. Nicht viel weniger kommen auf 1000 Schweizer (758), Luxemburger (738) und Schweden (711). Deutschland liegt in dieser Rangliste mit 603 Computern erst auf Platz 10. Am anderen Ende der Skala findet man Länder wie Afghanistan und Tadschikistan. Hier kommen gerade mal 1,4 beziehungsweise 1,6 Rechner auf 1000 Menschen.

Beim Stichwort Computer denkt man natürlich sofort ans Internet. Das wird auch weltweit genutzt, allerdings von den Bewohnern der einzelnen Länder in höchst unterschiedlichem Maße. So tummeln sich von 1000 Luxemburgern 927 zumindest zeitweilig im World Wide Web, was bedeutet, dass nur 7,3 Prozent keine Internet-Erfahrung haben. An zweiter Stelle, wenn auch mit beträchtlichem Abstand, kommen die Dänen: Von 1000 Bewohnern unseres nördlichen Nachbarlandes nutzen 795 das Internet. Die Amerikaner sind mit 698 die Drittplatzierten, knapp gefolgt von den Isländern, wo 695 regelmäßig im Netz surfen. Nach Finnland (688), Kanada (686) und Singapur (683) belegt Deutschland mit 679 je 1000 Bundesbürger Platz 8.

Und doch ...

Es ist möglich, auf einen Zettel fünf ungerade Ziffern so zu schreiben, dass die Summe der derart geschriebenen Zahlen 14 ergibt.

Welche Zahlen sind das?

Überall stoßen wir auf Zahlen, und überall, wo diese eingegeben, gelesen oder anderweitig erfasst werden müssen, lauert der Fehlerteufel. Denn wenn der Scannerkasse im Supermarkt beim Erkennen des Strichcodes ein Missgeschick passiert, kann das ebenso fatale Folgen haben, wie wenn man Geld auf ein falsches Konto überweist oder ein Buch unter Angabe der falschen ISBN (Internationale Stammbuchnummer) bestellt. Doch keine Angst! Um derartige Irrtümer praktisch auszuschließen, haben die Entwickler der Zahlen auf trickreiche Weise vorgesorgt und sogenannte Prüfziffern geschaffen. Diese zeichnen sich dadurch aus, dass sie bestimmte mathematische Bedingungen erfüllen müssen, um unbeanstandet durchzugehen.

So steht der Strichcode auf einer im Supermarkt gekauften Ware üblicherweise für eine Zahl mit einer bestimmten Quersumme. Nehmen wir als Beispiel 32 561. Diese Zahl hat die Quersumme 17, zu der man 3 addieren muss, um zum nächsten Vielfachen von 10 – hier also 20 – zu kommen. Dann ist die 3 die Prüfziffer, die an die Nummer angehängt wird.

Immer wieder 6

Denk dir eine Zahl außer 0 (nehmen wir die 9),
multipliziere sie mit 3 (ergibt 27),
zähle vom Ergebnis zwei Zahlen zurück (27 – 26 – 25)
und addiere diese drei Zahlen (25 + 26 + 27 = 78).
Wenn du nun die einzelnen Ziffern des Ergebnisses
zusammenzählst (7 + 8 = 15) und diesen Rechenvorgang so lange wiederholst, bis du eine einstellige
Zahl erhältst, so ist das Resultat immer 6 (1 + 5 = 6).

Beim Einlesen in den Scanner errechnet die Kasse von jedem Artikel blitzschnell die Quersumme und akzeptiert nur Zahlen, die durch 10 teilbar
sind. Doch das ist natürlich noch nicht perfekt, weil ja auch Zahlendreher
vorkommen können, die zwar die Zahl als solche, nicht jedoch die Quersumme verändern. Deshalb nimmt man in der Praxis nicht einfach die
Grundzahl, sondern multipliziert die Ziffern abwechselnd mit 1 und 3. Bei
unserem Code 32561 sähe das so aus: $1 \times 3 + 3 \times 2 + 1 \times 5 + 3 \times 6 + 1 \times 1$
$= 3 + 6 + 5 + 18 + 1 = 33$. Die Prüfziffer, die hinten angefügt wird und die
Summe zum nächsten Vielfachen von 10 ergänzt – hier also 40 –, muss
folglich die 7 sein. Passiert beim Einlesen ein Fehler, so geht die Rechnung
nicht auf, die Kasse gibt einen schrillen Warnton von sich, und die Kassie-
rerin muss den Artikel ein zweites Mal über den Scanner ziehen oder die
Artikelnummer mühsam von Hand eintippen.

Alles dreht sich ohne Pause: die Erde um sich selbst und um die Sonne, dazu noch der Mond um die Erde. Und diese Drehungen geschehen allesamt rasend schnell.

Fangen wir mit der Rotation der Erde um die eigene Achse an. Mit welchem Tempo sie abläuft, hängt natürlich vom Standpunkt des Betrachters ab. Am flottesten geht es am Äquator, wo ein Mensch mit einer Umdrehung, also im Verlauf von 24 Stunden, rund 40 000 Kilometer zurücklegt. Je weiter er sich vom größten Erdumfang nach Norden oder Süden entfernt, desto geringer wird die Strecke und damit auch die Geschwindigkeit der Drehung. Immerhin wird ein Mensch am Äquator mit 1674 Stundenkilometern herumgewirbelt, einem Tempo, gegen das das schnellste Formel-1-Auto oder der rasanteste Hochgeschwindigkeitszug (siehe S. 150) lahme Enten sind. Dass der Mensch davon nichts merkt, liegt allein an der Schwerkraft, die ihn fest gegen den Boden presst und verhindert, dass er infolge der Fliehkraft abhebt und davonsegelt. Bei uns in Deutschland, also um den 50. Breitengrad herum, geht das Ganze zwar etwas gemächlicher vonstatten, aber auch hier rotieren wir noch immer mit Tempo 1070 um den Erdmittelpunkt!

Noch erheblich schneller rast unser Planet um die Sonne. Die mittlere Geschwindigkeit beträgt 29,8 Kilometer pro Sekunde, was 107 000 Stundenkilometern entspricht. Allerdings ändert sich das Tempo im Verlauf des Jahres aufgrund wechselnder Entfernungen, wobei es umso größer wird, je geringer der Abstand zur Sonne ist.

Bleibt noch die Geschwindigkeit, mit der der Mond um die Erde kreist. Astronomen haben berechnet, dass er das im Durchschnitt mit 1,02 Kilometern pro Sekunde tut. Das ist zwar wesentlich langsamer als die Drehung unseres Planeten um sich selbst oder um die Sonne, entspricht aber immerhin noch beachtlichen 3672 Stundenkilometern! Da die Bahn des Mondes allerdings alles andere als perfekt kreisförmig ist (der Abstand zur Erde beträgt zwischen 356 400 und 406 700 Kilometern), schwankt seine Geschwindigkeit ganz erheblich.

Bemerkenswerte Reihe

Wenn man zur Primzahl 7 (Primzahlen sind nur durch 1 oder sich selbst teilbar) eine bestimmte zweistellige Zahl n addiert, erhält man wieder eine Primzahl. Addiert man zu dieser noch einmal n, ist das Ergebnis wiederum eine Primzahl. Macht man so weiter, erhält man (zusammen mit der 7) insgesamt 6 Primzahlen, die dann natürlich untereinander alle denselben Abstand n haben.
Wie lautet n?

Physikalisch versteht man unter Leistung Arbeit pro Zeit. Mit anderen Worten: Die Leistung ist größer, wenn man zum Beispiel 20 schwere Kartons in 3 Minuten in ein Regal stapelt, als wenn man dafür 5 Minuten benötigt. Gemessen wird die Leistung in Watt. Eine Taschenlampe arbeitet mit etwa 3 Watt, ein Radio mit 40, ein Kühlschrank mit 140 und ein Mittelklasseauto mit 90 000 Watt (90 Kilowatt), was ungefähr 120 PS entspricht.

Natürlich muss auch unser Körper Leistung bringen und natürlich kann man diese Leistung genauso in Watt angeben. Beim Schlafen ist der Wert naturgemäß gering. Er liegt durchschnittlich bei etwa 70 Watt. Still

---

Mathematik heißt denken

Von Carl Friedrich Gauß (1777–1855), dem vielleicht größten Mathematiker aller Zeiten, erzählt man sich eine Anekdote, die sehr anschaulich zeigt, dass er in Bezug auf Zahlen schon als Grundschüler seinen Altersgenossen weit voraus war: Sein Lehrer wollte einmal längere Zeit seine Ruhe haben und stellte der Klasse die Aufgabe, die Zahlen von 1 bis 100 zu addieren. Fleißig begannen die Kinder zu rechnen: 1 + 2 + 3 + 4 + 5 + 6 + 7 ... und so weiter. Gauß aber erkannte sofort, dass die Summe der ersten und der letzten Zahl (1 und 100) ebenso 101 ergibt wie die Summe der zweiten und der zweitletzten (2 und 99) sowie der dritten und der drittletzten (3 und 98) und so weiter. Also schloss er, dass die Gesamtsumme der Zahlen von 1 bis 100 genau 50-mal 101 entspricht. Dass dabei als Ergebnis 5050 herauskommt, rechnete er rasch aus und verblüffte den Schulmeister bereits nach zwei Minuten mit der richtigen Lösung.

dastehend leistet ein Mensch ungefähr 140, flott gehend je nach Körpergewicht zwischen 220 und 480 und beim Treppensteigen rund 800 Watt.

Ein mit etwa 20 Stundenkilometern strampelnder Radfahrer arbeitet mit 350 bis 750 Watt Leistung, ein Fußballspieler mit 800 bis 1000 und ein schneller 100-Meter-Sprinter mit knapp über 2000 Watt. Wer Schuhe putzt, leistet 90 bis 180, wer bügelt, rund 280 und wer – von Hand – Wäsche wäscht bis zu 350 Watt. Natürlich steigt der Leistungsbedarf mit der Schwere der Tätigkeit. So leistet ein Mann beim Schaufeln oder Mit-der-Sense-Mähen zwischen 350 und 770 Watt und ein Waldarbeiter, der mit der Handsäge einen Baum fällt, sogar 600 bis 900 Watt.

All diese Arbeiten sind nur möglich, weil das Herz die dafür benötigten Körperteile ununterbrochen mit Blut, also mit Nähr- und Sauerstoff versorgt. Dazu muss es natürlich seinerseits Leistung bringen, die mit zunehmender Belastung ansteigt. Bei normaler körperlicher Beanspruchung, wenn das Herz etwa 60- bis 80-mal pro Minute Blut in den Körper pumpt – das sind am Tag immerhin rund 100 000 und im ganzen Leben 2,5 bis 3 Milliarden Schläge –, ist es trotz allem ein Muster an Bescheidenheit. Dann arbeitet es nämlich mit nicht mehr als 2 Watt, also gerade einmal dem Zwanzigstel eines Radios.

Dass man in China anders schreibt als bei uns und dazu sehr kompliziert, aber auch kunstvoll aussehende Zeichen verwendet, weiß jeder. Doch kaum jemand macht sich Gedanken darüber, wie es mit den chinesischen Zahlen aussieht. Gibt es da ähnliche Symbole?

Zunächst gilt, dass auch in China die arabischen Zahlen, so wie wir sie kennen, immer gebräuchlicher werden. Daneben verwendet man im täglichen Leben aber tatsächlich noch ein uraltes System, dessen Zeichen wunderbar zur Schrift passen. Sehr verbreitet ist es, diese Zahlen bei Gesprächen durch Handzeichen darzustellen; so wie das bei uns kleine Kinder tun, wenn man sie fragt, wie alt sie sind, und sie dann beispielsweise drei Finger in die Höhe strecken.

Die chinesischen Zahlzeichen von 1 bis 10 sehen so aus:

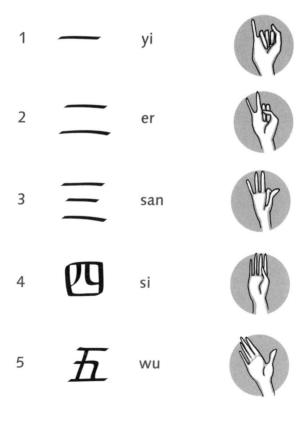

1	一	yi
2	二	er
3	三	san
4	四	si
5	五	wu

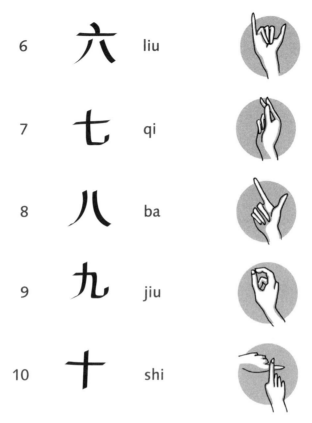

6	六	liu
7	七	qi
8	八	ba
9	九	jiu
10	十	shi

37 – eine einzigartige Zahl

Eine Eigenschaft unterscheidet die 37 von allen anderen zweistelligen Zahlen: Wenn sich eine dreistellige Zahl abc restlos durch 37 teilen lässt, dann gilt das auch für die Zahlen mit den Ziffernfolgen bca und cab.

Zwei Beispiele:

$148 = 4 \times 37; 481 = 13 \times 37; 814 = 22 \times 37$

$629 = 17 \times 37; 296 = 8 \times 37; 962 = 26 \times 37$

*E*twa 71 Prozent der Erde sind von Wasser bedeckt, was bedeutet, dass sämtliche Kontinente nur 29 Prozent und damit weniger als ein Drittel ihrer Oberfläche bilden. Das mit Abstand größte aller Weltmeere ist der Stille oder Pazifische Ozean. Mit einer Fläche von mehr als 166 Millionen Quadratkilometern und einer durchschnittlichen Tiefe von 3940 Metern enthält er mehr Wasser als alle anderen Meere zusammengenommen, nämlich fast 700 Millionen Kubikkilometern! Würde man diese gewaltige Menge in einen würfelförmigen Tank schütten, so hätte der eine Kantenlänge von 886 Kilometern, das heißt, er wäre höher als 100 aufeinandergestellte Mount Everests.

Obwohl es jede Menge Seen und Flüsse gibt, enthalten sie nur 0,018 Prozent, also knapp gerade mal zwei Zehntausendstel der gesamten Wassermasse auf der Erde. 99,35 Prozent befinden sich in den Meeren und in den gewaltigen Eiskappen von Nord- und Südpol; der Rest ist Grundwasser.

Die 10 tiefsten Seen der Erde

Rang	See	Tiefe (m)
1	Baikalsee (Russland)	1637
2	Tanganjikasee (Ostafrika)	1471
3	Wostoksee (Antarktis)	1000
4	Kaspisches Meer (Westasien)	995
5	Lago General Carrera (Argentinien)	836
6	Lago Argentino (Argentinien)	719
7	Malawisee (Ostafrika)	706
8	Yssikköl (Kirgisistan)	668
9	Großer Sklavensee (Kanada)	614
10	Crater Lake (USA)	592

Die äußerst geringe Menge an See- und Flusswasser macht man sich am besten anhand eines Vergleiches klar: Auf jede Badewanne voll Meerwasser (mit dem darin gelösten Salz könnte man das gesamte Festland 150 Meter hoch bedecken) käme gerade einmal ein viertel Teelöffel salzloses.

Und das, obwohl der tiefste und wasserreichste Süßwassersee der Erde, der russische Baikalsee, bis zu 1637 Meter unter die Oberfläche reicht. Er ist zwar flächenmäßig keinesfalls der größte (diese Ehre gebührt dem Oberen See an der Grenze zwischen Kanada und den USA), enthält aber 1000-mal mehr Wasser als der Bodensee.

Das gewaltigste Flusssystem ist das des Amazonas in Südamerika. Jede Minute strömen daraus mehr als 10 Kubikkilometer Wasser in den Atlantik. Das ist eine so unvorstellbar große Menge, dass damit jeder Mensch auf der Erde alle 50 Minuten ein Vollbad nehmen könnte. Würde der Amazonas den Baikalsee entwässern, so wäre dieser schon nach einem einzigen Tag um zwei Drittel leerer. Das bedeutet jedoch nicht, dass der Amazonas der längste Fluss der Erde wäre. Diese Ehre gebührt dem Nil. Mit 6670 Kilometern ist der afrikanische Strom knapp 270 Kilometer länger als sein südamerikanisches Gegenstück, doch die Wassermenge, die er ins Meer spült, beträgt gerade mal $1/20$ derjenigen, auf die es der Amazonas bringt.

Zwanzig-Sekunden-Aufgabe

Die folgende Aufgabe lässt sich problemlos innerhalb von zwanzig Sekunden im Kopf lösen:
Wie viel ist die Hälfte von zwei Drittel von drei Viertel von vier Fünftel von fünf Sechstel von sechs Siebtel von sieben Achtel von acht Neuntel von neun Zehntel von 100?

Wir merken es zwar nur selten, aber wo immer wir hinkommen, sind die Insekten schon da. Die 6-beinigen Tierchen (zu denen die Spinnen mit ihren 8 Beinen übrigens nicht zählen) sind derart zahlreich, dass vermutlich auf jeden Menschen 2 Milliarden von ihnen kommen. Insgesamt sind das rund 10 Trilliarden (eine 1 mit 22 Nullen), die alle zusammen 2,7 Milliarden Tonnen und damit 6-mal so viel wiegen wie sämtliche Menschen.

Dass es so viele Insekten gibt, liegt an ihrer enormen Vermehrungsfreude. Die ist allerdings auch dringend erforderlich, um die unvorstellbar hohe Todesrate auszugleichen. Ein einziges Stubenfliegenpärchen könnte zusammen mit seinen Nachkommen – die in puncto Fortpflanzung ja auch sehr eifrig sind – innerhalb eines Jahres so viele Fliegen hervorbringen, dass ganz Deutschland unter einer 2 Meter hohen Schicht begraben würde. Da die Tierchen aber milliardenweise von Vögeln gefressen und

---

Einige Insektenrekorde

Was?	Wer?	Wie viel?
artenreichste Gruppe	Käfer	400 000 Arten
größte Menge pro Fläche	Springschwanz	50 000 je qm
größte Länge	Gespenstheuschrecke	51 cm
kleinste Länge	Zehrwespe	0,21 mm
größtes Gewicht	Rosenkäfer	100 g
längstes Leben	Bockkäferlarve (vor dem Schlüpfen)	30 Jahre
größte Lautstärke	Zikade	90 Dezibel
größte Eiermenge	Riesentermite	40 000 täglich
Weitsprung	Erdfloh (Käferart)	60 cm
schnellster Flug	Schwärmer	53 km/h

von Menschen totgeschlagen oder vergiftet werden, da Unmengen von ihnen erfrieren, ertrinken, durch Pilzerkrankungen oder auf andere Weise ums Leben kommen, bleibt ihre Gesamtzahl halbwegs konstant.

Das klingt jetzt so, als wären sämtliche Insekten für uns Menschen ein Unglück. Doch das stimmt nicht. Vielmehr erweisen sich etliche der kleinen Krabbler als überaus nützlich. So verdanken wir ein Drittel unserer Nahrung allein der Tatsache, dass fliegende Insekten Blüten bestäuben und so entscheidend zur Entwicklung aller möglichen Pflanzen beitragen. Oder nehmen wir den Honig: Um einen einzigen Liter zu produzieren, müssen Bienen Nektar von 10 Millionen Blüten sammeln, wobei sie insgesamt rund 60 000 Kilometer zurücklegen – das entspricht dem 1½-fachen Umfang der Erde.

Oder der Seidenspinner, ein vor allem in China lebender Schmetterling: Aus 40 000 Gespinsten (Kokons) seiner Raupen könnte man einen Seidenfaden gewinnen, der einmal rund um unseren Globus reicht. So trägt das fleißige Tier maßgeblich dazu bei, dass wir uns warm und modisch kleiden können.

Schafe

Treffen sich zwei Schäfer. Meint Schäfer A zu Schäfer B: »Wenn du mir eines deiner Schafe gibst, haben wir beide gleich viele Tiere.«
Darauf entgegnet B: »Nee, gib lieber du mir eines von deinen Schafen, dann habe ich genau doppelt so viele wie du!«
Wie viele Schafe hat nun Schäfer A und wie viele sein Kollege B?

Wenn bei uns im Juli oder August die Sonne vom wolkenlosen Sommerhimmel strahlt und das Thermometer 30 Grad Celsius oder mehr anzeigt, stöhnen die Menschen unter der »extremen Hitze«, die Kinder bekommen schulfrei, und in der Zeitung liest man, dass bei vielen Leuten »wegen der tropischen Glut« der Kreislauf schlapp macht. Nicht weniger groß ist das Gejammer, wenn es im Winter kälter als minus 20 Grad wird. Dann verlässt niemand mehr freiwillig die warme Stube, und wenn man doch hinausmuss, dann nur in dicker Thermokleidung, die selbst Forschern am Nordpol den Schweiß aus allen Poren treiben würde. Dabei sind weder plus 30 noch minus 20 Grad auch nur annähernd rekordverdächtige Werte.

Die beginnen in puncto Hitze erst bei 50 Grad Celsius. So heiß wird es beispielsweise im Süden des Irak fast jeden Sommer. Noch höher steigt das Thermometer im Südwesten der USA, beispielsweise in Phoenix, Arizona, wo schon mal 55,5 Grad gemessen wurden, oder im berühmt-berüchtigten Death Valley (siehe S. 148), wo das Thermometer im Juli 1913 auf 56,7 Grad stieg. Den Rekord hält jedoch El Azizja im nordafrikanischen Libyen. Dort maßen Meteorologen am 13. September 1922 mit 58,0 Grad den bislang höchsten Wert, der je auf der Erde registriert wurde.

Durchschnitt

Auf dem Hinweg von A'hausen nach B'dorf fährt Karl mit 50 Stundenkilometern, zurück wegen eines Defektes an seinem Mofa nur mit 25 Stundenkilometern. Welche Durchschnittsgeschwindigkeit erreicht er insgesamt?

Den absoluten Rekord auf der anderen Seite der Skala hält die russische Forschungsstation Wostok in der Antarktis. Dort sank das Thermometer am 21. Juli 1983 auf die kaum vorstellbare Eiseskälte von minus 89,2 Grad. Dagegen sind die tiefsten europäischen Werte von North Ice in Grönland und Glattalp

in der Schweiz mit minus 66 beziehungsweise minus 52 Grad schon fast angenehm zu nennen.

Den extremsten Temperaturunterschied innerhalb eines Jahres hat man im sibirischen Werchojansk registriert: Zwischen dem mit 37 Grad höchsten Wert im Sommer und dem mit minus 68 Grad kältesten im Winter liegen unglaubliche 105 Grad. Und den schnellsten Wärmeanstieg gab es in Spearfish im amerikanischen Bundesstaat South Dakota: Am 22. Januar 1943 kletterte dort das Thermometer zwischen 7.30 und 7.33 Uhr von minus 20 auf plus 7 Grad. Ein Temperaturanstieg von 27 Grad in gerade mal 3 Minuten!

Eine Stadt mit mehr als 100 000 Einwohnern ist zwar grundsätzlich eine Großstadt, aber deshalb noch längst nicht eine wirklich große Stadt. Denn wenn man nach der Fläche geht, sind die bevölkerungsreichsten Städte keineswegs immer die größten. Sehen wir uns das einmal für Deutschland an. Dort stimmt die Rangliste der Städte mit den meisten Einwohnern nur bei den ersten beiden mit der Reihenfolge der flächenmäßig größten überein. In Berlin leben auf 892 Quadratkilometern rund 3,4 Millionen Menschen und in Hamburg sind es auf 755 Quadratkilometern etwa 1,8 Millionen. Die Nummer 3 in Bezug auf die Bevölkerung ist München mit 1,3 Millionen Einwohnern, doch auf der Liste der flächengrößten Gemeinden kommt die bayerische Hauptstadt erst auf Platz 13. Die Stadt mit der drittgrößten Ausdehnung ist nämlich Köln (405 Quadratkilometer), das bei den einwohnerreichsten Orten gleich hinter München auf Platz 4 rangiert.

Die 10 einwohnerreichsten Städte Deutschlands

Rang	Stadt	Einwohner (Ende 2006)
1	Berlin	3 404 000
2	Hamburg	1 754 000
3	München	1 295 000
4	Köln	990 000
5	Frankfurt am Main	653 000
6	Stuttgart	594 000
7	Dortmund	587 000
8	Essen	583 000
9	Düsseldorf	578 000
10	Bremen	548 000

Danach stimmt nichts mehr überein. Denn die nach ihrer Fläche viertgrößte deutsche Stadt ist mit 391 Quadratkilometern Wittstock/Dosse, eine Kleinstadt im Nordwesten Brandenburgs, in der gerade mal knapp 16 000 Menschen leben. Platz 5 belegt mit 377 Quadratkilometern Templin (17 000 Einwohner) und Platz 6 Neustadt am Rübenberge in der Nähe von Hannover. Dort verteilen sich knapp 46 000 Einwohner auf 357 Quadratkilometer. Das ist eine viel größere Fläche als die mancher »Großstadt«. Düsseldorf beispielsweise mit seinen 580 000 Einwohnern kommt flächenmäßig (217 Quadratkilometer) nur auf Platz 51 und Nürnberg (186 Quadratkilometer), wo auch mehr als eine halbe Million Menschen wohnen, gar nur auf Platz 91.

Es ist daher durchaus aufschlussreich, die deutschen Städte einmal nach der Bevölkerungsdichte zu ordnen. Hier liegt München mit knapp 4200 Menschen pro Quadratkilometer an der Spitze, gefolgt von Berlin mit 3800. An dritter Stelle aber kommt nicht etwa Hamburg, Köln oder Frankfurt, sondern Ottobrunn in der Nähe von München, wo auf jedem Quadratkilometer rund 3600 Personen leben. Wer es lieber etwas beschaulicher mag und nicht gern so viele Mitbewohner um sich hat, sollte nach Langenfeld bei Düsseldorf ziehen. Mit lediglich 1435 Einwohnern je Quadratkilometer liegt diese Stadt in der Rangfolge der bevölkerungsreichsten Gemeinden Deutschlands genau auf Platz 100.

Erstaunliche Quadratzahlen

Merkwürdigerweise ist $10^2 + 11^2 + 12^2 = 13^2 + 14^2$.
Wer es nicht glaubt, kann gern nachrechnen.

*T*ag für Tag benutzen wir eine Menge deutscher Wörter und machen uns dabei überhaupt keine Gedanken, dass unter ihnen etliche sind, die mit durchaus bemerkenswerten Eigenschaften aufwarten können. Hier eine kleine Auswahl (alle sind im Duden aufgeführt):

Welches Wort ist mit 33 Buchstaben das längste?
Bundesausbildungsförderungsgesetz

Welche 4 deutschen Wörter enden auf »nf«?
Senf, fünf, Hanf und ein Städtename: Genf

Welche 2 Wörter haben 8 aufeinanderfolgende Konsonanten?
Angstschweiß, Geschichtsschreibung

Welches 5-buchstabige Wort hat 6 Bedeutungen?
Atlas: 1. Sagengestalt, 2. Buch, 3. Halswirbel, 4. Gebirge, 5. Seidengewebe, 6. Gebälkträger

In welchen Wörtern kommen 7 e bzw. 7 s vor?
bemerkenswerterweise, Schulgemeinschaftsausschuss

Welches Wort schreibt man mit zweimal 3 gleichen Buchstaben?
Flussschifffahrt

In welchem Wort mit 29 Buchstaben kommt kein e vor?
Wirtschaftsforschungsinstitut (»Donaudampfschifffahrtskapitän« ginge auch, steht aber nicht im Duden)

Welche 2 Wörter haben eine eigene Genitiv-Endung?
Herz und Fels: -ens

In welchen beiden 16-buchstabigen Wörtern kommt kein Buchstabe doppelt vor?
Dialektforschung, schwerpunktmäßig

Welches Wort wird als einziges in Ein- und Mehrzahl gleich geschrieben, aber verschieden ausgesprochen?
Knie (Der Duden empfiehlt in der Mehrzahl die Aussprache mit e am Schluss)

Welches Wort enthält alle 3 Umlaute ä, ö und ü?
tränenüberströmt

Was ist das kleinste Zahlwort, in dem ein o vorkommt?
zwo

Wert gleich Zahl der Buchstaben

Im Deutschen gibt es nur eine einzige Zahl, deren Wert mit der Anzahl der Buchstaben übereinstimmt. Welche ist das?

So gut gemeint es auch sein mag, der Umwelt zuliebe beim Duschen oder Klospülen Wasser zu sparen – der Effekt ist doch sehr bescheiden. Denn das meiste Wasser verbrauchen wir virtuell, das heißt, nicht unmittelbar erkennbar. Gemeint ist die viele Flüssigkeit, die zur Produktion von Nahrungs- und Industriegütern in die Fabriken fließt.

Nehmen wir zum Beispiel eine Tasse Kaffee. Beim genussvollen Trinken konsumieren wir nicht mehr als etwa $^1/_{10}$ Liter Flüssigkeit; wenn wir aber das Wasser berücksichtigen, das für Anbau und Verarbeitung der Kaffeebohnen verbraucht wird, stecken in jeder Tasse virtuell rund 140 Liter. Bei Tee ist es zwar erheblich weniger, aber mit 35 Litern pro Tasse auch noch fast so viel wie bei einem Duschgang (rund 40 Liter). Zur Herstellung eines Liters Bier benötigt man rund 300 Liter und jeder Liter Milch enthält virtuell gar das 1000-Fache, also 10 Hektoliter Wasser.

Gespräch zwischen Mathematikern

Zwei Mathematiker treffen sich und beginnen ein Gespräch.

»Wie ich höre, hast du schon drei Kinder.«

»Ja das ist richtig, ich habe drei Töchter.«

»Wie alt sind sie?«

»Tja, wenn man ihre Lebensjahre multipliziert, erhält man 36, und wenn man sie addiert, ergibt das dieselbe Zahl wie auf der Hausnummer dort drüben.«

»Ach ja, das genügt mir aber noch nicht.«

»Stimmt, ich muss noch erwähnen, dass meine älteste Tochter einen Hund hat.«

»Jetzt ist alles klar!«

Wie alt sind die drei Töchter?

Doch auch in einem Kilo Reis, dem Grundnahrungsmittel von Millionen Asiaten, stecken rund 3000 Liter, und die Produktion eines typischen Fast-Food-Menüs – Hamburger, Pommes und ein Softdrink – verschlingt sogar 6000 Liter – 2400 davon stecken allein im Hamburger.

Aber natürlich werden nicht nur bei der Herstellung von Nahrungsmitteln erhebliche Mengen Wasser verbraucht. Bis zu 20 000 Liter sind beispielsweise nötig, um ein einziges Kilo Baumwolle – also etwa die Menge für zwei T-Shirts – zu erzeugen, und in einem Paar Lederschuhe verbergen sich rund 8000 Liter. Ja selbst wenn wir genüsslich ein Buch lesen, verbrauchen wir virtuelles Wasser: Denn mit einem dicken Schmöker wie »Harry Potter und der Halbblutprinz« halten wir nicht weniger als 1650 Liter in der Hand.

»**N**o sports!«, hat der frühere englische Premierminister Winston Chur-
chill einmal klipp und klar gesagt und damit dasselbe behauptet wie das
bekannte Sprichwort »Sport ist Mord!«. Tatsächlich ist körperliche Betätigung alles andere als ungefährlich. Zwar sind Todesfälle selten, aber jeder, der häufiger Sport treibt, muss damit rechnen, sich früher oder später
einmal ernsthaft zu verletzen. Versicherungsfachleute haben sich deshalb
die einzelnen Disziplinen näher angesehen, um herauszufinden, welche
am riskantesten sind. Das ist natürlich alles andere als einfach, da einige
Sportarten sehr viele Menschen begeistern, andere dagegen nur von einigen wenigen Spezialisten ausgeübt werden. Dennoch sind die Ergebnisse
der Untersuchungen, die sich auf das Jahr 2007 und ausschließlich auf
Deutschland beziehen, höchst aufschlussreich.

Die 8 gefährlichsten Massensportarten

Rang	Sport	Verletzungen (2007)	männlich (%)	weiblich (%)
1	Fußball	472 000	89	11
2	Hand-, Volley-, Basketball	179 000	65	35
3	Inlineskaten, Skateboardfahren	111 000	53	47
4	Reitsport	93 000	13	87
5	Skisport	90 000	45	55
6	Tennis, Squash, Badminton	87 000	63	37
7	Jogging	64 000	53	47
8	Radsport	60 000	74	26

Am gefährlichsten ist demnach Fußball. Nicht weniger als 472 000 Verletzungen wurden bei diesem Sport registriert, wobei natürlich zu 89 Prozent Männer betroffen waren. Auch bei den zu einer Gruppe zusammengefassten Ballsportarten Hand-, Volley- und Basketball, die in puncto Verletzungshäufigkeit mit 179 000 Fällen auf Platz 2 liegen, sind die Männer mit 65 Prozent deutlich in der Überzahl. Nahezu ausgeglichen ist das Geschlechterverhältnis dagegen beim Inlineskaten und Skateboardfahren. Diese Sportarten liegen auf Rang 3 der Verletzungsliste. Hier verteilen sich die 111 000 Blessuren zu 53 Prozent auf Männer und zu 47 Prozent auf Frauen.

Doch es gibt auch einen Sport, bei dem auf einen männlichen Verletzten annähernd 9 Frauen kommen: das Reiten. Insgesamt 93 000 Unfälle registrierten die Fachleute hier, 87 Prozent bei Frauen und nur 13 Prozent bei Männern.

Was also tun? Vielleicht gemächlich durch Wald und Feld traben? Nicht einmal das ist ohne Risiko, denn innerhalb eines einzigen Jahres verletzten sich dabei immerhin 64 000 Jogger, Frauen fast genauso oft wie Männer.

Bemerkenswerte Multiplikation

Multipliziert man 12345679 mit 999999999, so erhält man 12345678987654321, also eine Zahl, in der die Ziffern schrittweise von 1 bis 9 ansteigen, um dann wieder bis 1 abzufallen.

Keine Frage: Computer arbeiten nicht nur sehr präzise, sondern auch ungeheuer schnell. Kaum zu glauben, dass sie nur zwei Zeichen – die 0 und die 1 – kennen, oder anders ausgedrückt: dass sie mit lediglich zwei Zuständen arbeiten: »Strom an« und »Strom aus«. Man spricht bei dieser kleinsten Informationseinheit auch von einem »Bit«. Was einen Computer so ungeheuer leistungsfähig macht, ist daher gar nicht die Vielfalt dessen, was er miteinander verknüpft, sondern allein seine enorme Geschwindigkeit: Mehr als 1 Milliarde Bits kann er pro Sekunde verarbeiten, ein Tempo, das man allenfalls staunend zur Kenntnis nehmen, sich jedoch beim besten Willen nicht vorstellen kann.

Mit dem sogenannten Binär- oder Dualsystem aus zwei Zuständen lassen sich sämtliche Zahlen darstellen. Ohne auf die genauen Regeln zur Umrechnung einzugehen, hier mal die ersten 15 Zahlen in beiden Schreibweisen:

Dezimalsystem	Binärsystem
0	0
1	1
2	10
3	11
4	100
5	101
6	110
7	111
8	1000
9	1001
10	1010
11	1011
12	1100
13	1101
14	1110
15	1111

Wem es Spaß macht, der kann ja versuchen, das System, das hinter der Bildung der Binärzahlen steht, zu entschlüsseln. Es wurde übrigens nicht im Zusammenhang mit der Entwicklung der digitalen Datenverarbeitung erfunden, sondern stammt von dem deutschen Mathematiker Gottfried Wilhelm von Leibniz, der es bereits 1679 beschrieben hat. »Das Addieren von Zahlen ist mit diesen Zeichen so leicht«, notierte er stolz, »dass es schneller geht, als sie zu diktieren.« Tatsächlich erfordert das Rechnen mit Binärzahlen, wenn man es einmal raushat, viel weniger Kopfarbeit als mit den uns vertrauten Dezimalzahlen.

Drei Striche – ein Quadrat

Zeichne ein vollständiges Quadrat mit drei geraden Strichen.

Wissenschaftler verfügen über raffinierte Möglichkeiten, die Größe der kleinsten Teilchen eines Stoffes – der Atome oder Moleküle – zu bestimmen. Dabei kommen sie zum Beispiel für ein Sauerstoffmolekül der Luft auf einen Durchmesser von knapp einem Millionstel Millimeter (das sind 10^{-6} Millimeter oder ein Nanometer). Das kann man sich ebenso wenig vorstellen wie die Zahl der Moleküle einer bestimmten Gasmenge.

Vier Briefe

Eine Sekretärin schreibt an vier Personen einen Brief und adressiert dazu vier Umschläge. Wenn sie nun jeden Brief wahllos in einen Umschlag steckt, wie groß ist die Wahrscheinlichkeit, dass genau drei in den richtigen Umschlag kommen?

So enthalten zum Beispiel 32 Gramm Sauerstoff (oder 2 Gramm Wasserstoff) $6{,}022 \times 10^{23}$ Moleküle. Diese gigantische Zahl hat ein italienischer Chemiker namens Lorenzo Romano Amedeo Carlo Avogadro ermittelt, weshalb sie auch »Avogadro-Konstante« heißt. $6{,}022 \times 10^{23}$ ist eine so unvorstellbar große Menge, dass man mit derselben Anzahl Popcorn-Körner die gesamten USA 15 Kilometer dick zudecken könnte.

Will man sich die Winzigkeit eines Moleküls klarmachen, so kann man das anhand der kleinsten Wasserteilchen versuchen. Wollte man sie zu einem einzigen Millimeter Höhe auftürmen, wären dazu genauso viele nötig, wie man an Buchseiten bräuchte, um vom Boden aus die Spitze des New Yorker Empire State Buildings (443 Meter) zu erreichen.

Ein anderer Vergleich: Könnte man die Atome in einem Wassertropfen so weit vergrößern, dass sie mit bloßem Auge gerade noch erkennbar wären, müsste der Tropfen einen Durchmesser von 23 Kilometern haben.

Das Skelett eines erwachsenen Menschen besteht aus 210 bis 215 Knochen. Genau lässt sich das nicht sagen, da im Lauf des Lebens aus den ursprünglich mehr als 300 Knochen und Knorpeln eines Babys etliche kleinere zu größeren zusammenwachsen – zu wie vielen, ist von Mensch zu Mensch unterschiedlich.

Der längste ist mit rund einem halben Meter der Oberschenkelknochen, wobei der Rekord mit 76 Zentimetern deutlich darüber liegt. Das Bein gehörte allerdings auch einem 2,40 Meter großen Mann. Auf den nächsten Plätzen folgen das Schienbein (etwa 43 Zentimeter), das Wadenbein (etwa 40 Zentimeter) und der Oberarmknochen (etwa 36 Zentimeter). Dagegen ist der kleinste Knochen, der Steigbügel im Mittelohr, geradezu winzig: Mit etwas mehr als 3 Millimetern ist er nur halb so groß wie ein Reiskorn. Man müsste also rund 170 Steigbügel säuberlich einen hinter dem anderen aufreihen, um die Länge eines einzigen Oberschenkelknochens zu erreichen.

Die meisten Knochen sind Teil unserer Gliedmaßen. Allein das Skelett der Hand besteht aus 27 unterschiedlich großen Knochen, die durch 33 Gelenke mehr oder minder beweglich miteinander verbunden sind. Genau genommen sind es 8 Handwurzel-, 5 Mittelhand- und 14 Fingerknochen. Das erstaunt insofern nicht besonders, als der komplizierte Bau un-

Eieruhr

Du hast zwei Eieruhren, eine mit 4 und eine mit 5 Minuten Laufzeit. Wie kannst du mit ihrer Hilfe ein 6-Minuten-Ei kochen?

serer Hände uns einerseits ermöglicht grob zuzupacken, andererseits aber auch ein winziges Schräubchen einzudrehen oder einen Faden durch ein Nadelöhr zu schieben. Viel verblüffender ist, dass unser Fuß, den wir doch für scheinbar weitaus gröbere Bewegungen benötigen, auch 26 und damit nur einen einzigen Knochen weniger aufweist.

Aufgrund ihres komplizierten Aufbaus aus Unmengen sinnvoll angeordneter Bälkchen sind Knochen einerseits sehr leicht – insgesamt machen sie nur etwa ein Zehntel unseres Körpergewichts aus –, aber andererseits auch extrem stabil. Ein Oberschenkelknochen kann, ohne zu brechen, 1,65 Tonnen tragen – das ist immerhin das Gewicht eines Mittelklasse-Autos.

Der Blauwal ist nicht nur das größte und schwerste Tier der Erde, sondern auch das gewaltigste, das jemals gelebt hat, sämtliche Arten urzeitlicher Dinosaurier (siehe S. 142) eingeschlossen. Er wird durchschnittlich 26 Meter lang; einzelne Tiere – vor allem Weibchen – erreichen aber auch mehr als 30 Meter. Der längste jemals gemessene Blauwal maß sogar knapp 34 Meter, das ist so viel wie 8 hintereinanderstehende VW Golf. Den Gewichtsrekord hält ein Weibchen, das unglaubliche 190 Tonnen und damit so viel wie 40 ausgewachsene Elefantenbullen auf die Waage brachte. Allein das Herz eines solchen Giganten wiegt mehr als 1 Tonne und die Zunge ist mit 4 Tonnen so schwer wie drei Autos.

Dass solch ein Riese ungeheure Mengen an Nahrung braucht, ist klar. Umso mehr erstaunt, dass sich Blauwale fast nur von winzigen, im Wasser treibenden Tieren und Pflanzen ernähren, die man unter dem Begriff »Plankton« zusammenfasst. Am liebsten sind ihnen Kleinkrebse, von denen jeder gerade mal 2 Gramm wiegt. Von diesen Krebsen schlingen die Blauwale Tag für Tag bis zu 40 Millionen in sich hinein – das sind nicht weniger als 3½ Tonnen.

Wale sind Säugetiere, können also nicht wie Fische durch Kiemen atmen und müssen daher nach ihren Tauchgängen immer wieder an der Ober-

Immer wieder 1089

Denk dir eine dreistellige Zahl, deren erste und letzte Ziffer nicht gleich sein dürfen. Nehmen wir als Beispiel die 467.

Kehre nun die Zahl um (764) und ziehe die kleinere Zahl von der größeren ab (764 – 467 = 297).

Das Ergebnis (297) drehst du wieder um (792). Wenn du nun die beiden letzten Zahlen addierst (297 + 792), so erhältst du als Ergebnis immer 1089; ganz egal, mit welcher Zahl du angefangen hast.

fläche Luft holen. Allerdings reicht ihr Atem, um bis zu 20 Minuten unter Wasser zu bleiben. Tauchen sie auf, so stoßen sie eine über 10 Meter hohe Atem-Fontäne aus. Diese enthält eine Menge Feuchtigkeit, die in der kalten Luft wie Nebel kondensiert und für etwa 5 bis 10 Sekunden als gewaltiger »Blas« sichtbar wird. Dabei handelt es sich also nicht um Wasser (wie bei einem Springbrunnen), sondern fast ausschließlich um Atemluft.

Kann man sich schon schwer vorstellen, dass ein solcher Koloss überhaupt schwimmt, so erstaunt noch mehr, welche Geschwindigkeit er dabei erreicht. Zwar lässt es der Blauwal mit rund 5 Stundenkilometern im Allgemeinen eher gemächlich angehen. Wenn er aber rasch andere Gewässer erreichen will, dreht er gewaltig auf und kann, von seiner bis zu 7 Meter breiten Schwanzflosse angetrieben, mit annähernd dem zehnfachen Tempo durchs Meer jagen. Einem menschlichen Sprinter, der es gerade mal auf knapp 40 Stundenkilometer bringt, ist er damit weit überlegen.

In weiten Teilen der Welt gilt die 7 als Glückszahl. Das ist der Grund, warum die Typenbezeichnung aller Boeing-Flugzeuge mit einer 7 beginnt und weshalb eine populäre amerikanische Limonade den Namen 7-Up bekam. Auch dass 1995 in Japan 7 Minuten nach 7 Uhr am 7. Tag des 7. Monats des 7. Jahrs der Herrschaft des Kaisers 17 Läufer 7777 Meter um den kaiserlichen Palast liefen, hat mit der besonderen Bedeutung der 7 zu tun.

Dass viele die 7 für die Glückszahl schlechthin halten, liegt möglicherweise an den 7 im Altertum bekannten »Planeten« Sonne, Merkur, Venus, Mond, Mars, Jupiter und Saturn, die angeblich ganz erheblichen Einfluss auf das Schicksal jedes Menschen haben. Aber vielleicht verdankt die 7 ihren guten Ruf ja auch der Tatsache, dass sie für

die christliche Kirche im Mittelalter die Vereinigung des Geistlichen mit dem Weltlichen symbolisierte. Schließlich verkörpert sie in ihrer Summe die Zusammenfassung der himmlischen 3 (Gottvater, Sohn und Heiliger Geist) und der irdischen 4 (die Elemente Feuer, Wasser, Luft und Erde). Denn 3 + 4 macht 7. Und dass Noah, nachdem Gott die Sintflut 7 Tage lang vorbereitet und er selbst von allen reinen Tieren jeweils 7 Paare vor dem Ertrinken gerettet hatte, alle 7 Tage eine Taube zu Erkundungsflügen aufsteigen ließ, bis seine Arche schließlich Monate nach Beginn der Sintflut auf dem Berg Ararat strandete, spielt sicher auch eine Rolle.

Übrigens hat die Überzeugung vieler Menschen, ein Marienkäfer bringe ihnen Glück, ebenfalls mit der mittelalterlichen Verehrung der 7 zu tun: Damals war man nämlich überzeugt, ein solches Insekt könne mit seinen 7 schwarzen Punkten Hexen und anderes Unglück fernhalten.

Deshalb ist es auch kein Zufall, dass der berühmte Agent James Bond ausgerechnet die Kennnummer 007 hat: Ohne Glück in Mengen wäre er längst tot.

7er-Rezept

Im Talmud, dem wichtigsten religiösen Buch der Juden, findet sich ein Rezept gegen die Malaria, dem der Glaube an die Macht der Sieben aus allen Poren quillt:

»Nimm 7 raue Rindenstückchen von der Palme, 7 Splitter von 7 Holzbalken, 7 Nägel von 7 Brücken, 7 Aschen von 7 Öfen, 7 Löffel voll Erde von 7 Schwellen, 7 Stück Pech von 7 Schiffen, 7 Handvoll Kümmel und 7 Haare vom Barte eines alten Hundes und binde dies mit weißem Zwirn an den Halsausschnitt des Hemdes.«

Lothar Collatz (1910 – 1990) war ein deutscher Mathematiker, der eine berühmte Behauptung aufstellte. Diese Behauptung wurde bis heute nicht widerlegt, doch leider konnte sie auch noch niemand schlüssig beweisen. Deshalb ist die Frage, warum sie stimmt, unter Fachleuten als »Collatz-Problem« bekannt. Es geht dabei um Folgendes:

> • Man nehme irgendeine Zahl.
> • Ist sie gerade, so teile man sie durch 2, halbiere sie also.
> • Ist sie ungerade, multipliziere man sie mit 3 und addiere 1.

Collatz behauptet nun, dass diese Rechenvorschrift bei jeder beliebigen Zahl letztlich zu der Ziffernfolge 4 – 2 – 1 führt.

Probieren wir das mal mit der 92 aus.
92 ist gerade, also halbieren wir die Zahl und erhalten 46.
46 ist auch gerade und wird ebenfalls halbiert, macht 23.
23 ist ungerade, also multiplizieren wir sie mit 3 (= 69) und addieren 1. Das Ergebnis ist 70.
70 ist wieder gerade und führt uns durch Halbieren zur 35.
So machen wir immer weiter und erhalten die Folge 92 – 46 – 23 – 70 – 35 – 106 – 53 – 160 – 80 – 40 – 20 – 10 – 5 – 16 – 8 – 4 – 2 – 1 – 4 – 2 – 1 – 4 – 2 – 1…

Das funktioniert erstaunlicherweise tatsächlich mit jeder Anfangszahl. Millionen Beispiele wurden schon getestet und noch nie kam etwas anderes heraus als die wiederkehrende Folge 4 – 2 – 1. Ganze Heerscharen von Mathematikern haben sich darüber die Köpfe zerbrochen, weil sie absolut nicht verstehen konnten, dass eine so einfache Rechenoperation letztlich so schwierig sein sollte. Besonders verblüffend ist nämlich, dass sich die Zahlenfolge, je nach Ausgangszahl, extrem unterschiedlich verhält. Geht man zum Beispiel von der 29 aus, so erreicht man die 1 schon nach 18 Schritten, wobei zwischendurch als höchste Zahl die 88 vorkommt. Nimmt man jedoch die fast benachbarte 31 als Ausgangspunkt, so erklimmt die Folge viel höhere Werte bis hinauf zur 7288 und kommt erst nach 106 Schritten bei der 1 an.

Ganz ähnlich

1742 stellte ein anderer Mathematiker namens Christian Goldbach ebenfalls eine Behauptung auf, die bis heute nicht widerlegt, aber eben auch nicht allgemein bewiesen worden ist: »Jede beliebige gerade Zahl größer als 2 kann als Summe zweier Primzahlen dargestellt werden.« Oder anders ausgedrückt: »Von der Ziffer 3 an kann man jede gerade Zahl restlos in Primzahlen (siehe S. 52) zerlegen.« So gilt zum Beispiel 24 = 11 + 13 oder 50 = 31 + 19. Man hat das mit allen geraden Zahlen bis 100 Milliarden ausprobiert und stets hat die »Goldbach-Vermutung« gestimmt. Aber bewiesen ist sie noch immer nicht. Und das, obwohl der britische Verlag Faber & Faber im Jahr 2000 ein Preisgeld von einer Million Dollar für die Lösung des Problems ausgesetzt hat.

Viele Menschen betrachten Schweine als »unrein«, weil die Tiere fast alles – gerne auch Mäuse, Aas und Unrat – fressen und sich mit Vorliebe im Schlamm wälzen. Das ist einer der Gründe, warum Moslems und Juden kein Schweinefleisch essen – kein Wunder also, dass man in ihren Ländern kaum Borstentiere sieht. Dagegen werden die rosigen Grunzer in anderen Teilen der Welt in derartigen Mengen gezüchtet, dass es von ihnen mehr gibt als Einwohner. Das gilt in Europa ganz besonders für Dänemark, wo die Schweinezucht neben der Milchwirtschaft die Haupteinnahmequelle der Bauern darstellt. In unserem nördlichen Nachbarland leben gerade mal 5,5 Millionen Menschen, aber 13,4 Millionen Schweine. Damit kommen auf jeden Dänen etwa 2,5 Borstentiere.

Verglichen damit ist es in Deutschland mit den ringelschwänzigen Gesellen eher mager bestellt: Zwar wühlen bei uns fast doppelt so viele Schweine im Dreck herum wie in Dänemark, nämlich rund 25,2 Millionen, berücksichtigt man aber die 15-mal größere Bevölkerungszahl (rund 82,4 Millionen), kommt gerade ein Tier auf 3 Einwohner. Das ist ziemlich genau ein Achtel des dänischen Werts.

Noch größere Unterschiede gibt es bei den Schafen: Hier liegt Neuseeland, wo etwas mehr als 10 Tiere pro Einwohner leben, mit großem Abstand an der Spitze. Unter den europäischen Ländern führt Island die Rangliste an: Dort kommen auf einen Bewohner 1,6 Schafe, während es bei uns in Deutschland gerade mal 0,034 sind. Oder anders ausgedrückt: Je 1000 Einwohner leben bei uns nicht mehr als 34 blökende Wollespender.

50: gleich zweifach Summe von Quadratzahlen

Tatsächlich gibt es bis zur 50 keine Zahl, die man gleich auf zweierlei Weise als Summe zweier mit sich selbst multiplizierter Zahlen darstellen kann:

$$5^2 + 5^2 = 25 + 25 = 50$$
$$7^2 + 1^2 = 49 + 1 = 50$$

Bücherwürmer – auch sehr häufige Tiere

Auf einem Bücherregal steht ein zweibändiges Werk. Der erste Band umfasst 230 und der zweite 320 Seiten. Ein emsiger Bücherwurm kann sich in einer Minute durch ein Blatt und in einer Stunde durch einen Buchdeckel bohren. Wie lange braucht er, um sich von der ersten Seite des ersten Bandes bis zur letzten Seite des zweiten Bandes vorzuarbeiten?

Während Spucken bei uns Menschen als ausgesprochen unfein gilt, haben Tiere da weitaus weniger Hemmungen. Am bekanntesten ist diese »Unart« vom südamerikanischen Lama. Um sein Revier zu verteidigen oder den Rang unter seinesgleichen zu behaupten, aber auch, um nervige Ruhestörer zu vertreiben, schleudert es vermeintlichen Gegnern mit bemerkenswerter Wucht seine Mundflüssigkeit entgegen. Meist ist das gar kein Speichel, sondern hochgewürgter Mageninhalt, was die Sache allerdings auch nicht appetitlicher macht. Dabei ist das Tier erstaunlich treffsicher und verfehlt sein Ziel selbst auf eine Entfernung von bis zu 5 Metern nur selten. Also niemals ein Lama reizen!

Nicht einfach

Welche Zahl kommt als nächste?

1
11
21
1211
111221
312211
13112221

Nicht ganz so weit spuckt ein merkwürdiger Wasserbewohner: der Schützenfisch. Wie der Name schon sagt, schießt er seine Beute regelrecht ab. Dazu nimmt das etwa 20 Zentimeter lange Tier das Maul voll Wasser, bildet aus Zunge und Gaumendach eine Art »Kanonenrohr« und presst die Flüssigkeit in einem scharfen Strahl heraus. Bis auf 4 Meter Entfernung trifft es so jedes Insekt, das ahnungslos an einem über dem Wasser hängenden Zweig herumkrabbelt. Anschließend kann der Schützenfisch das hilflos im Wasser paddelnde Beutetier in aller Ruhe verspeisen.

Schließlich gibt es im Tierreich noch einen weiteren erstaunlichen Spucker: die in Afrika beheimatete Speikobra. Wenn sie sich bedroht fühlt, richtet sie sich auf und schleudert dem Angreifer ihr Gift entgegen, wobei sie mit bemerkenswerter Genauigkeit auf dessen Augen zielt. Etwa 3 Meter weit reicht der gefährliche Strahl. Trifft er ins Auge, kann ein Mensch erblinden.

Gewicht

Wie schwer ist jemand, wenn sein Gewicht 50 Kilo plus die Hälfte seines Gewichts beträgt?

Das Bedürfnis, andere zu übertreffen und einen neuen Weltrekord aufzustellen, macht auch vor Bäckern und Konditoren nicht halt. Hier ein paar schmackhafte Beispiele:

- Im pfälzischen Bad Dürkheim konnten sich die Besucher eines Festes im Jahr 1988 an einer Tafel Schokolade satt essen, die 14-mal 5,2 Meter groß war.

- Die Bäckerinnung Dresden präsentierte im Dezember 1994 einen 4,50 Meter langen, 1,65 Meter breiten und 2720 Kilo schweren Christstollen.

- Knapp 266 Meter lang war ein 1996 in Nürnberg verkaufter Nussstriezel.

- Aus 110 Schichten, 50 Kilo Schokolade und 50 Litern Sahne bestand eine Riesentorte, die 1996 in einem Wiener Hotel aufgetischt wurde.

- Im Berliner Café Möhring schufen die Konditoren zu Silvester 1997 ein Marzipanschwein, das nicht weniger als 2,2 Tonnen wog.

- Pfälzer Landfrauen verbrauchten 2001 für einen 250 Meter langen Buttermandelkuchen 1700 Eier und 22 Kilo Mandelblättchen.

- Im Jahr 2006 gab es in Reutlingen den bis dahin größten Apfel-kuchen der Welt. Er war rund 200 Meter lang.

- Im September 2007 gelang vier Bäckern in Bad Fallingbostel der Weltrekord im Flammkuchen-Backen. Das Produkt ihrer Bemü-hungen maß mehr als 30 Quadratmeter und enthielt unter anderem 120 Eier, 13 Kilo Zwiebeln, 12 Kilo Käse und 15 Kilo Speckwürfel.

- Den längsten Nussstrudel der Welt schufen im Oktober 2007 75 Bäcker aus dem österreichischen Petzenkirchen. 85,4 Meter maß die Köstlichkeit, mit der der bisherige Weltrekord aus dem Jahr 2003 um knapp 3 Meter überboten wurde.

- Doch es gab noch einen viel längeren Strudel, allerdings mit Äpfeln anstelle von Nüssen. Den fabrizierten niederösterreichische Bäcker ebenfalls Ende 2007. Der süße Gigant war 366 Meter lang und enthielt neben 810 Kilo Äpfeln nicht weniger als 82 Kilo Zucker.

Zum Kuchen ein vergnüglicher Zeitvertreib

Während du dir Flammkuchen, Marzipan oder Nussstrudel schme-cken lässt, versuch doch mal, die Ziffern von 1 bis 9 mathematisch so miteinander zu verknüpfen, dass das Ergebnis genau 100 ist. Dabei darfst du die Ziffern zwar zu zweistelligen Zahlen zusam-menfassen, jedoch nicht die Reihenfolge von 1 bis 9 verändern.

Schon im Altertum zählten die ägyptischen Pyramiden zu den sieben Weltwundern und damit zu den Bauwerken, die die Menschen am meisten faszinierten. Und an dieser Faszination hat sich bis heute nichts geändert. Die größte und bekannteste ist die Cheops-Pyramide. Sie hat eine Seitenlänge von 230 Metern und damit eine Grundfläche von etwa 5,3 Hektar, was 7 Fußballfeldern entspricht. Auch die Höhe der Pyramide ist beachtlich: Zwar haben Regen und Wind im Lauf der fast fünf Jahrtausende von den ursprünglichen 146 nahezu 9 Meter abgetragen, aber mit 137,50 Metern ist die Cheops-Pyramide noch immer mehr als doppelt so hoch wie der Schiefe Turm von Pisa. Erbaut wurde sie aus etwa 2 500 000 gewaltigen Steinquadern, von denen jeder einzelne circa 2½ Tonnen wiegt.

Als
Napo-
leon im
September
1798 bei seinem
Ägyptenfeldzug die
Pyramiden besichtigte,
war er von den gewaltigen
Ausmaßen derart beeindruckt,
dass er eine kühne Behauptung
wagte: Er schätzte nämlich, man könne
mit den Steinen der Cheops-Pyramide
eine zwei Meter hohe Mauer um ganz Frankreich herum bauen. Und das stimmt tatsächlich. Denn jeder einzelne der 2,5 Millionen Kalkstein-
quader ist etwa 1 Meter lang und ebenso hoch und breit.
Spaltet man diese Blöcke in jeweils drei, so erhält man insgesamt 7,5 Millionen Stück von 30 Zentimeter Dicke, die hinterei-
nandergereiht eine 7500 Kilometer lange und 1 Meter hohe Mauer
bilden. Schichtet man je 2 Steine aufeinander, sodass die Mauer doppelt so hoch ist, so beträgt ihre Länge natürlich nur noch 3750 Kilometer.
Das aber entspricht ziemlich genau der Ausdehnung der französischen Grenze.

Tennisturnier

Ein Tennisverein organisiert ein Turnier, zu dem 116 Spieler gemeldet
haben. Am Sonntag soll das Endspiel stattfinden, und der Turnierleiter
möchte für seine Planung wissen, wie viele Spiele er vorher ansetzen muss,
damit für das Finale genau 2 Spieler übrig bleiben.

Auf den ersten Blick scheint Fußballspielen nicht viel mit Zahlen zu tun zu haben, doch wenn man allein an den Spielstand und an die unvermeidlichen Tabellen denkt, weiß man, dass es sich anders verhält. Tatsächlich gibt es eine ganze Reihe interessanter Fußballzahlen, wie zum Beispiel die folgenden:

Den höchsten Sieg in einem Länderspiel erzielte Australien bei der Qualifikation für die Weltmeisterschaft 2002 gegen Amerikanisch-Samoa: Die Australier gewannen mit 31 : 0.

Das schnellste Tor schoss am 7. April 2004 der englische Spieler Marc Burrows. Im Match seiner Mannschaft Cowes Sport Reserves gegen Eastleigh traf er ganze 2 Sekunden nach Anpfiff. In der Geschichte der Champions League war es Roy Makaay von Bayern München, dem das schnellste Tor gelang. Das war am 7. März 2007 und der Gegner hieß Real Madrid. Gerade einmal 10 Sekunden war das Match alt, als Makaays Schuss einschlug. Und das schnellste Länderspieltor schoss Davide Gualtieri bei der Weltmeisterschafts-Qualifikation 1993 im Spiel San Marino gegen England 8 Sekunden nach Spielbeginn.

Der Torwart, der in seiner Karriere eigenfüßig die meisten Tore schoss, war der Brasilianer Rogerio Ceni. Sage und schreibe 64-mal versenkte er den Ball im gegnerischen Kasten.

Die meisten Gelben Karten in der Bundesliga-Geschichte gab es bisher beim Spiel Borussia Dortmund gegen Bayern München am 8. April 2001: Insgesamt zeigte der Schiedsrichter den Spielern der beiden Mannschaften zehnmal Gelb, einmal Gelb-Rot und zweimal Rot.

Und wer war der beste Torschütze aller Zeiten? Nein, nicht Gerd Müller, nicht einmal der berühmte Brasilianer Pelé. Der liegt mit 1279 Treffern – in nur 1363 Spielen – erst an zweiter Stelle. Übertroffen wird er von seinem Landsmann Arthur Friedenreich, einem Meister der Körpertäuschung, der zudem als Erfinder der »Bananenflanke« gilt. Nicht weniger als 1329-mal traf er in seiner Karriere (1909–1935) ins Tor.

Zum Schluss noch ein ganz besonderes Kuriosum: Exakte Auswertungen zahlreicher Fußballspiele haben ergeben, dass selbst der eifrigste Spieler während einer Partie nicht mal 3 Minuten direkten Kontakt mit dem runden Leder hat. Insgesamt legt er durchschnittlich 12 bis 14 Kilometer zurück, und zwar mehr als die Hälfte davon gehend, ein Drittel trabend und allenfalls 10 Prozent im schnellen Lauf. Gerade mal 3 bis 4 Prozent der Gesamtstrecke, also etwa 400 bis 500 Meter, ist er im Sprinttempo unterwegs.

**Und hier ein paar Beispiele zum Thema
»Fußballer und Mathematik«:**

- Ruud Gullit, früherer holländischer Nationalspieler:
  »Wir haben 99 Prozent des Spiels beherrscht; die übrigen
  3 Prozent waren schuld, dass wir verloren haben.«

- Rudi Völler, früherer Bundestrainer: »Zu 50 Prozent stehen wir
  im Viertelfinale, aber die halbe Miete ist das noch lange nicht.«

- Kevin Keagan, ehemaliger englischer Nationalspieler:
  »Die Deutschen haben nur einen einzigen Spieler unter 22
  und der ist 23.«

- Fritz Langner, früherer Bundesligatrainer:
  »Ihr fünf spielt jetzt vier gegen drei.«

- Ingo Anderbrügge, ehemaliger Spieler des FC Schalke: »Das Tor
  ist zu 70 Prozent meins und zu 40 Prozent dem Willis seins.«

- Roland Wohlfarth, früherer Bayern-München-Spieler: »2 Chancen,
  1 Tor – das nennt man 100-prozentige Chancenverwertung!«

Fragt man Menschen, ob sie abergläubisch seien, schütteln die meisten entrüstet den Kopf. Wenn aber eine Frau 4-mal an einem 17. ein Kind zur Welt bringt, ein Mann 5-mal knapp einem Blitzschlag entgeht oder das amerikanische Schicksalsdatum 11. 9. in seiner Quersumme wieder genau 11 ergibt (1 + 1 + 9 = 11), sehen doch viele Zeitgenossen dunkle Mächte oder ein höheres Wesen am Werk. Sie mögen nicht glauben, dass derartige Zahlenhäufungen reiner Zufall sind. Und manchmal fällt das auch wirklich schwer.

So zum Beispiel beim französischen König Ludwig XIV., der im 17. Jahrhundert regierte und wegen seiner Machtfülle und seines prunkvollen Lebensstils »Sonnenkönig« genannt wurde. In dessen Leben spielt die Zahl 14 eine schier unglaubliche Rolle. Ludwig bestieg den Thron als kleines Kind im Jahr 1643, eine Jahreszahl, deren Quersumme ebenso 14 ergibt (1 + 6 + 4 + 3 = 14) wie die seiner alleinigen Machtübernahme: 1661 (1 + 6 + 6 + 1 = 14). Er lebte 77 Jahre (7 + 7 = 14) und starb 1715 (1 + 7 + 1 + 5 = 14). Addiert man die Jahreszahlen seiner Geburt (1638) und seines Todes (1715), so kommt man auf die Zahl 3353, und auch deren Quersumme ergibt – man ahnt es schon – wieder 14 (3 + 3 + 5 + 3 = 14).

Die Zahl der Liebe

Wieso ist 38 317 die Zahl der Liebe?

Was für König Ludwig XIV. die 14, ist für den berühmten englischen Dichter Shakespeare in den Augen von Zahlenbegeisterten die 46. In der Version der englischen King-James-Bibel – sie erschien 1610, als Shakespeare gerade 46 Jahre alt war – lautet das 46. Wort des 46. Psalms »shake« und das 46. vom Ende her gezählt »spear«.

Apropos Shakespeare ...

Ein englischer Kinderreim aus dem 18. Jahrhundert enthält eine
Rechenaufgabe. Leider reimt er sich ins Deutsche übersetzt nicht
mehr, aber trotzdem: Wie lautet die Lösung?
Ich ging nach St. Ives.
Ich traf dort einen Mann mit sieben Frauen.
Jede Frau hatte sieben Säcke.
Jeder Sack hatte sieben Katzen.
Jede Katze hatte sieben Junge.
Junge, Katzen, Säcke, Frauen –
wie viele gingen nach St. Ives?

Es gibt Zahlen, die sind so ungeheuer groß, dass man sie sich beim besten Willen nicht vorstellen kann. Dazu gehören zum Beispiel die Anzahl der Wassertropfen im Meer, der Sandkörner in der Sahara oder der Moleküle in einem menschlichen Körper. Für derartige Riesenzahlen gibt es natürlich Bezeichnungen, aber damit kommt man nicht allzu weit. Nachfolgend einige Beispiele, wobei auch gleich die üblichen Abkürzungen angegeben sind, wie man sie beispielsweise von Computerspeichern kennt. Außerdem enthält die Tabelle die Schreibweise in Potenzen, auf die wir gleich noch näher zu sprechen kommen.

Zahl	Bezeichnung	Abkürzung	Potenz
1 mit 3 Nullen	Tausend	Kilo	10^3
1 mit 6 Nullen	Million	Mega	10^6
1 mit 9 Nullen	Milliarde	Giga	10^9
1 mit 12 Nullen	Billion	Tera	10^{12}
1 mit 15 Nullen	Billiarde	Peta	10^{15}
1 mit 18 Nullen	Trillion	Exa	10^{18}
1 mit 21 Nullen	Trilliarde	Zetta	10^{21}
1 mit 24 Nullen	Quadrillion	Yotta	10^{24}

Natürlich gibt es noch viel mehr Ausdrücke, die immer größere Zahlen bezeichnen, so zum Beispiel »Septillion« für eine 1 mit 42 Nullen oder »Undezilliarde« für eine 1 mit 69 Nullen. Aber die verwendet kein Mensch, weil es für derart gigantische Zahlen erheblich praktischer ist, sie in Potenzen zu schreiben. Dabei gibt die Hochzahl der 10 die Anzahl der Nullen hinter der 1 an. Wenn man also etwa 9 000 000 (9 Millionen) ausdrücken

Schach und Bakterien

Ein weiser Scheich wollte einst jemanden, der ihm einen
großen Gefallen getan hatte, angemessen belohnen und
bot ihm als Geschenk Reis an. Auf das erste Feld eines
Schachbretts wollte er ein Reiskorn legen, auf das zweite
2, auf das dritte 4, auf das vierte 8. Und so wollte er von
Feld zu Feld die Anzahl der Reiskörner verdoppeln. Der,
dem das Geschenk zugedacht war, lehnte ab, weil er
glaubte, auf diese Weise zu wenig zu bekommen.
Das war ein fataler Irrtum. Denn hätte er das Angebot
akzeptiert, wäre viel mehr Reis zusammengekommen,
als er zeitlebens hätte essen können, nämlich allein auf
dem letzten Feld 2^{63} oder exakt 18 466 744 073 709 551 615
Körner. Dazu natürlich noch all die vielen, vielen auf
den 63 Feldern davor.
Auf dieselbe Art wie hier die Reiskörner vermehren sich
Bakterien: Aus einem werden zwei, aus zwei werden
vier und so weiter und so weiter. Nach 63 Teilungen
sind es ebenfalls 18 466 744 073 709 551 615 Exemplare.
Eine ganz und gar unvorstellbare Zahl!

will, so schreibt man einfach 9×10^6. Das scheint nicht wesentlich schneller zu gehen, aber wenn man dasselbe mit 15 Undezilliarden macht, dann
schreibt sich 15×10^{69} ganz offensichtlich sehr viel rascher als eine 15 mit
69 Nullen, bei der zusätzlich noch das Risiko besteht, sich zu verzählen.
Außerdem rechnet es sich mit Potenzen so schön einfach, weil man beim
Multiplizieren nur die Grundzahlen malnehmen und die Hochzahlen ad-

dieren muss. So ist zum Beispiel 12 Milliarden mal 5 Septilliarden dasselbe wie $12 \times 10^9 \times 5 \times 10^{45}$, was schlicht 60×10^{54} (60 »Nonillionen«) ergibt. Und das lässt sich sogar noch zu 6×10^{55} (60 Nonillionen) vereinfachen.

Übrigens gibt es derart große Zahlen noch gar nicht so lange. Bis zum Anfang des 13. Jahrhunderts war schon bei 100 000 Schluss. Mehr brauchte man schlichtweg nicht. 1270 tauchte dann in Italien zum ersten Mal die Million auf (da »mille« im Italienischen für 1000 steht und die Endung -one so viel bedeutet wie »groß« oder »mächtig«, ist eine Million nichts weiter als eine »große Tausend«). Danach dauerte es mehr als 200 Jahre, bis der Mathematiker Nicolas Chuquet im Jahr 1484 vorschlug, für das Millionenfache einer schon benannten Zahl jeweils einen neuen Begriff einzuführen. So entstanden die Billion für eine Million mal eine Million und die Trillion für eine Million mal eine Billion.

Enorme Verdünnung

Nimm einmal an, man könnte die Wassermoleküle in einem üblichen Trinkglas (200 ml) färben. Anschließend schüttet man das Wasser in einen Fluss und wartet ein paar Jahre, bis es sich gleichmäßig über sämtliche Weltmeere verteilt hat. Dann entnimmt man irgendwo auf der Welt aus irgendeinem Ozean genau die Menge Wasser, die in das Glas passt. Was glaubst du: Findet man darin eines der gefärbten Moleküle?

Wenn man ein Seil straff um den 40 000 Kilometer langen Äquator der Erde legt und es anschließend um genau einen Meter verlängert, wie weit steht es dann überall vom Äquator ab? 1 Millimeter, 1 Zentimeter, oder ist das gar nicht messbar?

Die Antwort wirkt verblüffend: Zwischen Seil und Erde klafft ein Zwischenraum von 16 Zentimetern. Und was noch unglaublicher klingt: Das Ergebnis ist unabhängig vom Durchmesser der Erde; auch bei einer wesentlich größeren Kugel wäre der Abstand derselbe.

Man kann das relativ leicht ausrechnen, aber wir wollen uns hier mit dem Erstaunen begnügen. Das wird vielleicht noch größer, wenn man der Frage nachgeht, wie weit man das um einen Meter längere Seil an einer einzelnen Stelle von der Erde abziehen kann, wenn es sonst überall fest anliegt. Dann kommt man nämlich auf sagenhafte 121,5 Meter! Und der Punkt, über dem sich die Spitze des Seils befindet, ist von den Stellen, an denen es links und rechts wieder den Boden berührt, fast 40 Kilometer entfernt.

Im Unterschied zum gleichmäßigen Abstand, der, wie gesagt, unabhängig vom Durchmesser der Erde und damit von der Länge des Äquators immer 16 Zentimeter beträgt, spielt die Größe der Erde im zweiten Fall durchaus eine Rolle. Der Wert von 121,5 Metern gilt also nur, wenn man vom korrekten Erdradius, also von 6 378 Kilometern ausgeht.

Wer das alles nicht glaubt, kann im Internet unter der Adresse http://www.brefeld.homepage.t-online.de/seil.html die genaue Rechnung nachverfolgen.

Kurz nachdenken

Welche zweistelligen Zahlen sind zehnmal so groß wie ihre Quersumme?

Eines gleich vorweg: Pilze sind keine Pflanzen. Da sie nicht über deren Fähigkeit verfügen, mithilfe von Lichtenergie Zucker und andere organische Substanzen zu produzieren (siehe Seite 180), bilden sie neben Tieren und Pflanzen eine vollkommen eigenständige Gruppe von Lebewesen. Dabei machen die Pilze, die wir von Waldspaziergängen kennen, nur einen winzigen Bruchteil aller auf der Welt vorkommenden aus, denn die meisten sind entweder winzig klein oder leben im Verborgenen, beispielsweise im Wurzelbereich von Bäumen. Insgesamt gehen Wissenschaftler von rund einer Million Arten aus, von denen gerade mal 60 000 näher erforscht sind. Und von diesen kann man wieder nur etwa 4000 essen.

Die im Wald lebenden Sorten gehören wegen ihres Fußes zu den sogenannten »Ständerpilzen«. Der größte jemals gefundene war ein – in jungem Zustand essbarer – »Klapperschwamm«, der sage und schreibe 33 Kilo wog. Auf Bäumen lebende Pilze können sogar noch deutlich mächtiger werden. So maß ein in den USA gefundenes Exemplar 1,42 Meter im Durchmesser und hatte ein Gewicht von rund 140 Kilo. Doch damit war dieser Gigant keinesfalls der schwerste Pilz, den man je entdeckt hat. Das liegt daran, dass Waldpilze nur sichtbare Ausläufer eines unterirdischen Geflechts (Myzel) sind, das gewaltige Ausmaße annehmen kann und den eigentlichen Pilz darstellt (so wie ein Apfel eben nur eine Frucht des Apfelbaums ist). Der gewaltigste bislang bekannte Pilz lebt ebenfalls in den USA, und zwar in den Wäldern des Staates Oregon. Es handelt sich um einen Hallimasch, dessen Myzel sich über eine Fläche von rund 9 Quadratkilometern ausbreitet (das ist so groß wie der Tegernsee oder wie 1200 Fußballfelder) und schätzungsweise 600 Tonnen wiegt. Damit ist er von allen bekannten Lebewesen dieser Welt mit Abstand das größte und schwerste.

Zum Schluss noch eine Anmerkung zu den Giftpilzen: Der bei uns berüchtigtste, dessen Genuss Jahr für Jahr etliche Todesopfer fordert, ist der Grüne Knollenblätterpilz, der vom Aussehen fatalerweise dem überaus

beliebten Champignon ähnelt. Bereits 7 Milligramm seines Gifts – und die stecken schon in einem einzigen Pilz – können einen Menschen qualvoll umbringen.

Weil es gerade um Gewichte geht ...

Kannst du mithilfe einer einfachen Balkenwaage unter 9 Kugeln eine einzige herausfinden, die geringfügig schwerer ist als die anderen 8, wenn du nur zweimal wiegen darfst?

»**N**ur die Dosis macht das Gift«, lautet eine uralte medizinische Regel und besagt, dass im Grunde alles giftig ist, wenn man es bloß in genügender Menge zu sich nimmt. So können zum Beispiel schon 200 Gramm Kochsalz, in einer einzigen Portion verschluckt, einen erwachsenen Menschen umbringen. Selbst Wasser, das man doch angeblich sogar dann trinken soll, wenn man gar keinen Durst verspürt, wirkt giftig, sofern man es damit übertreibt. Allerdings muss man schon an die 20 Liter in sich hineinschütten, bevor die Sache durch massive Blutverdünnung lebensbedrohlich wird.

Auch Kartoffeln und Tomaten sind giftig, allerdings nur die grünen Pflanzenteile. Sie enthalten Solanin, das schon bei einem Verzehr von 25 Milligramm Durchfall und Übelkeit verursacht. 25 Milligramm sind aber bereits in 100 Gramm unreifer Tomaten enthalten. Ab 200 Milligramm (so viel wiegt eine einzige größere Frucht) wird die Sache kritisch und ab der doppelten Menge besteht akute Lebensgefahr. Aber, wie gesagt, nur solange die Tomate noch vollkommen grün ist.

Weitaus gefährlicher sind natürlich die Stoffe, die offiziell als Gift bezeichnet werden. Nikotin zum Beispiel. Davon sind schon rund 60 Milligramm (also 60 tausendstel Gramm) tödlich, das ist etwa die Menge von 60 Zigaretten. Wenn starke Raucher, die diese Menge locker an einem Tag schaffen, dennoch nicht sofort tot zusammenbrechen, liegt das nur daran, dass Nikotin im menschlichen Körper sehr schnell abgebaut wird. Bei einem Baby dauert dieser Abbau noch erheblich länger; deshalb kann ein Säugling schon an einer einzigen verschluckten Zigarette sterben.

Das stärkste chemische – also künstlich erzeugte – Gift hat den komplizierten Namen »Tetrachlordibenzodioxin«, den man üblicherweise mit dem letzten Wortteil »Dioxin« abkürzt. Davon ist für einen Menschen bereits die unvorstellbar geringe Menge von 0,07 Milligramm tödlich. Das sind nur 7 Hunderttausendstel eines Gramms!

Dioxin ist aber gar nichts im Vergleich zur giftigsten Substanz überhaupt. Die heißt »Botulinumtoxin« und wird von Bakterien abgesondert, die Fleischvergiftungen hervorrufen. Man glaubt es kaum, doch dieses Teufelszeug ist noch 100 000-mal giftiger als Dioxin. Wissenschaftler haben ausgerechnet, dass ganze 25 Gramm ausreichen würden, um die gesamte Menschheit umzubringen.

Radler

Ein Mann bestellt in einer Gaststätte eine Maß (1 Liter) Bier, trinkt sie zur Hälfte und denkt dann: Ein Radler wäre doch besser gewesen! Also füllt er sein halb leeres Glas mit Limonade wieder auf. Er trinkt erneut, diesmal mit weniger Durst, und leert das Glas nur zu einem Drittel. Doch das Getränk ist ihm immer noch zu bitter. Deshalb gießt er erneut Limonade nach, probiert, indem er ein Sechstel des Glases leert, ist noch immer nicht ganz zufrieden und füllt erneut mit Limo auf. Jetzt ist das Getränk perfekt und er leert den Maßkrug in einem Zug.

Die Frage lautet: Hat er mehr Bier oder mehr Limonade getrunken?

Die Lebensbedingungen in einer Wüste kann man mit einem einzigen Wort beschreiben: wüst. Das kommt daher, dass dort weniger Regen fällt als bei der Hitze verdampft. Die Folge ist eine extreme Trockenheit, bei der so gut wie keine Pflanzen und allenfalls solche Tiere existieren können, die sich mithilfe erstaunlicher körperlicher Eigenschaften an die enormen Bodentemperaturen und den Wassermangel angepasst haben: unglaublich geringer Flüssigkeitsbedarf, panzerartiger Schutz gegen Austrocknung, stelzenartiger Beine.

Insgesamt ist rund ein Fünftel der Erde von Wüsten bedeckt. Die größte und zugleich bekannteste ist die Sahara in Nordafrika. Mit 9 Millionen Quadratkilometern umfasst sie etwa dieselbe Fläche wie die kompletten USA; Deutschland würde mehr als 26-mal hineinpassen. Von West nach Ost misst sie durchschnittlich 5000 Kilometer (das entspricht der doppelten Entfernung von Berlin nach Madrid), von Nord nach Süd sind es 1800 Kilometer (so weit wie von München nach Flensburg und zurück). Tagsüber kann es dort 60 Grad Celsius heiß werden, nachts sinkt das Thermometer um mehr als 30 Grad, im Winter kann es sogar unter den Gefrierpunkt fallen. Eine Besonderheit sind die mächtigen Sanddünen, die bis zu 500 Meter hoch werden und, vom Wind geschoben, an einem einzigen Tag 500 Meter »wandern« können.

Doch mit durchschnittlich 45 Millimetern Niederschlag pro Jahr (in Deutschland sind es 700 Millimeter) ist die Sahara keineswegs die tro-

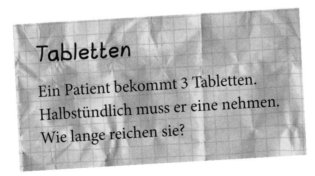

Tabletten

Ein Patient bekommt 3 Tabletten.
Halbstündlich muss er eine nehmen.
Wie lange reichen sie?

ckenste Wüste der Erde. Dieses Prädikat gebührt der Atacama-Wüste im Norden Chiles. Bevor dort im Jahr 1997 ein Wetterphänomen names »El Niño« für Niederschlag sorgte, hatte es 400 Jahre (!) lang nicht mehr geregnet.

Zum Schluss noch ein paar Anmerkungen zu den für derlei unwirtliche Bedingungen geradezu perfekt ausgestatteten Tieren, den Kamelen. Ein ausgewachsenes Kamel – es wiegt rund 700 Kilo – kann in einer Viertelstunde bis zu 200 Liter Wasser aufnehmen. Ein 80 Kilo schwerer Mensch, der es ihm gleichtun wollte, müsste in derselben Zeit 23 Liter trinken – das wäre absolut tödlich. Aber warum sollte er das tun? Schließlich kann ein Kamel nach einem solchen Saufgelage bis zu 17 Tage lang bei über 50 Grad Hitze ohne weiteres Trinken auskommen. Und welcher Mensch will das schon?

Simon Newcomb war ein bemerkenswerter Mann: Er lebte im 19. Jahrhundert und brachte sich mit solchem Eifer selbst die Geheimnisse der höheren Mathematik bei, dass er im Alter von gerade mal 26 Jahren Professor wurde. Damals verwendeten Wissenschaftler zur Berechnung komplizierter Zusammenhänge Bücher mit ellenlangen Zahlentabellen, die sogenannten »Logarithmentafeln«, die heutzutage von Taschenrechnern und Computern verdrängt worden sind. Als Newcomb sich einmal ein paar dieser beliebten Hilfsmittel genauer ansah, bemerkte er, dass die vorderen Seiten erheblich stärker abgegriffen waren als die hinteren. Offenbar schlugen die Benutzer Zahlen mit niedrigen Anfangsziffern besonders häufig nach.

Newcomb beschloss, der Sache auf den Grund zu gehen, und fand tatsächlich die Lösung. Im Jahr 1881 legte er in einer viel beachteten Abhandlung dar, dass in einer Liste beliebiger Zahlen die 1 öfter als jede andere Ziffer an erster Stelle steht, und zwar genau in 30,1 Prozent der Fälle. Danach folgen die 2 mit 17,6 Prozent, die 3 mit 12,5 Prozent und so weiter bis zur 9, die nur bei 4,6 Prozent aller Zahlen die Anfangsziffer bildet.

Knapp 40 Jahre später untersuchte der Physiker Frank Benford Zahlen aus ganz unterschiedlichen Lebensbereichen und wunderte sich ebenfalls. Denn egal ob er die Länge der Flüsse in den USA, die Fläche finnischer Seen, die Hausnummern einer italienischen Stadt oder alle Zahlen in einer beliebigen Illustrierten untersuchte, überall begannen rund 30 Prozent der Zahlen mit einer 1. Seither ist diese ungleiche Verteilung der Anfangsziffern als »Benford-Gesetz« bekannt.

Woran diese ungleiche Verteilung liegt? Natürlich hängt die Häufigkeit der Anfangsziffern vom untersuchten Bereich ab, denn wenn man sich etwa auf die Zahlen von 1 bis 9 beschränkt, kommt jede Ziffer gleich oft vor, nämlich zu je 11 Prozent. Doch schon bei einer Erweiterung um die Zahlen von 10 bis 19 setzt sich die 1 an die Spitze: Nicht weniger als 11-mal, das heißt bei mehr als 50 Prozent aller Zahlen, steht sie an erster Stelle.

Macht man sich die Mühe, die wahrscheinliche Häufigkeit für den Bereich von 1 bis 1 Milliarde auszurechnen, kommt man auf ein Ergebnis von etwa 33 Prozent.

Das gilt allerdings nur für natürlich vorkommende, nicht für absichtlich zusammengestellte Zufallszahlen. Deshalb nutzt man das Benford-Gesetz, um gefälschte Werte, beispielsweise manipulierte Bilanzen, zu entdecken. Wenn Menschen in betrügerischer Absicht Zahlen selbst erfinden, glauben sie eben häufig, die Anfangsziffern müssten gleich oft vorkommen. Und genau das wird ihnen dann zum Verhängnis.

Die 1 ist einzigartig

Bei den alten Griechen galt die 1 nicht als irgendeine beliebige Ziffer, sondern als Grundlage sämtlicher Zahlen. Daran war nicht zuletzt die Tatsache schuld, dass die 1 die einzige Zahl ist, deren Addition mit sich selbst mehr ergibt als die gleichartige Multiplikation. Denn $1 + 1 = 2$, aber $1 \times 1 = 1$.

Bei der 2 sind die Ergebnisse von Addition und Multiplikation identisch ($2 + 2 = 4$; $2 \times 2 = 4$), jenseits der 2 erhält man beim Malnehmen einer Zahl mit sich selbst stets ein höheres Ergebnis, als wenn man sie mit sich selbst addiert.

Ein menschliches Baby misst bei der Geburt durchschnittlich 51 Zentimeter und wiegt etwa 3½ Kilo. Geht man von einer mittleren Erwachsenengröße von 1,70 Meter und einem Gewicht von 70 Kilo aus, dann wird so ein Baby im Lauf seines künftigen Lebens 3½-mal größer und 20-mal schwerer.

Verglichen mit der Entwicklung mancher Tiere sind das bescheidene Werte. Ein Nilkrokodil beispielsweise wächst, bis es erwachsen ist, auf das 19-Fache seiner Geburtslänge. Denn wenn es auf die Welt kommt, misst es gerade mal 26 Zentimeter und ist damit nur halb so groß wie ein Menschenbaby. Doch dann legt es von Tag zu Tag dermaßen zu, dass es den Säugling schon bald überholt hat. Ausgewachsen ist es erst mit etwa 5 Metern, das heißt der 3-fachen Länge eines erwachsenen Menschen. Wüchse der Mensch im gleichen Maße, wäre er am Ende stolze 9,50 Meter groß.

Brüder und Schwestern

Ein Ehepaar hat 5 Töchter.
Von denen hat jede einen Bruder.
Wie viele Kinder hat das Ehepaar?

Noch eindrucksvoller entwickelt sich ein Braunbär. Wenn er zur Welt kommt, bringt er es gerade mal auf eine Höhe von etwa 25 Zentimetern und ist damit nur halb so groß wie ein Menschenbaby. Er wiegt auch nur 500 Gramm, also ein Siebtel des Gewichts eines neugeborenen Kindes. Doch selbst wenn man bedenkt, dass er 10 bis 11 Jahre braucht, bis er seine endgültige Statur erreicht hat, ist sein Wachstum ziemlich eindrucksvoll. Denn Halt macht er erst bei einer Schulterhöhe von knapp 1,50 Meter und, je nach Rasse, einem Gewicht von 300 Kilo. Innerhalb einer Zeitspanne, in der ein Mensch vom Baby zum Schulkind wird, versechsfacht der Bär also seine Größe und versechshundertfacht sein Gewicht. Ein Mensch, der im selben Maße zunähme, wäre als Erwachsener 2 Tonnen schwer.

Den Negativrekord in Bezug auf das Geburtsgewicht hält wohl das Känguru. Wenn man bedenkt, dass es erwachsen zwischen 20 und 30 Kilo wiegt, kann man kaum glauben, dass ein Neugeborenes kaum größer ist als ein Gummibärchen und gerade mal ein einziges Gramm auf die Waage bringt. Natürlich ist es in diesem erbärmlichen Zustand noch nicht selbstständig, vielmehr bleibt es für die nächsten fünf bis neun Monate im Beutel der Mutter, wo es nach und nach heranwächst. Wenn es schließlich ausgewachsen ist, wiegt es 30 000-mal mehr als bei seiner Geburt. Würde ein Menschenbaby in diesem Umfang an Gewicht zulegen, so wöge es als Erwachsener rund 102 Tonnen – fast so viel wie ein Blauwal (siehe S. 94).

Sitzt man in einem Flugzeug, das in 10 000 Meter Höhe dahinfliegt, so glaubt man, von der Erde weit entfernt zu sein. Dabei sind es bis zum Boden nur 10 Kilometer, eine Strecke, für die man in der Ebene zu Fuß nicht mehr als 2 Stunden braucht. Und doch gibt es so nah über dem Boden bereits kein Leben mehr. Das gilt in Bezug auf uns Menschen sogar schon für Berge über 5000 Meter Höhe (siehe S. 132): Ohne zusätzlichen Sauerstoff kann dort auf Dauer niemand existieren.

Der Meteorit, von dem man annimmt, dass sein Einschlag auf der Erde vor 65 Millionen Jahren schlagartig sämtliche Dinosaurier (siehe S. 142) ausgelöscht hat, war etwa 10 Kilometer dick. Wenn man bedenkt, dass die Ozeane im Mittel nur 3,7 Kilometer tief sind, hätte er bei einem Sturz ins Meer mehr als 6 Kilometer daraus hervorgeragt. Selbst an der tiefsten Stelle, am Marianengraben im Pazifik, steht das Wasser nicht höher als

11 304 Meter. Das klingt nach viel, bedeutet jedoch, dass zwischen der tiefsten Meeressenke und dem höchsten Berg der Erde nicht mal 20 Kilometer liegen, eine Strecke, die man mit dem Fahrrad mühelos in einer Stunde schafft.

Nur in diesem im Vergleich zum Durchmesser der Erde (rund 13 000 Kilometer) extrem schmalen Bereich gibt es Leben. Würde man die Erde auf die Größe eines Wasserballs von 80 Zentimeter Durchmesser verkleinern, so wäre die Lebenszone ganze 1,2 Millimeter dick. Der Mount Everest würde daraus gerade mal einen halben Millimeter herausragen, ließe sich also selbst von einem Menschen mit extrem feinfühligen Fingerkuppen nicht ertasten.

Noch zwei andere Vergleiche: Würde man die Erde maßstabsgetreu auf die Größe einer Billardkugel verkleinern, so wäre sie glatter als die glatteste, die man im Handel kaufen kann. Und würde man den Atlantik auf eine Pfütze von 5 Metern Durchmesser reduzieren, so wäre diese nirgends tiefer als 3 Millimeter.

Wie oft?

Wie oft benötigt man die Ziffer 9, um 100 Sitze in einem Kino durchzunummerieren?

Die besonderen Potenzen der 18

Die dritte Potenz von 18, also 18^3 ($= 18 \times 18 \times 18$), ergibt 5832 und die vierte Potenz ($18^4 = 18 \times 18 \times 18 \times 18$) 104 976. Betrachtet man die beiden Ergebnisse genauer, so fällt auf, dass in ihnen zusammen alle Ziffern von 0 bis 9 genau einmal vorkommen.

Natürliche Höhlen können sich auf sehr unterschiedliche Weise entwickelt haben. Gemeinsam ist ihnen nur, dass keine Menschen an der Entstehung beteiligt waren. Entgegen einer weitverbreiteten Ansicht dienten solche Höhlen den Menschen auch in der Steinzeit nie als dauerhafte Wohnstätte; dazu waren sie viel zu kalt, feucht und oft auch zu zugig. Die höhlenartigen Räume, in denen unsere Vorfahren hausten, waren eher flache Mulden und Unterstände, wo man Schutz vor Regen und Sturm fand.

Die längste natürliche Höhle findet sich im US-Bundesstaat Kentucky und heißt Mammoth Cave. Sie besteht aus unzähligen miteinander verbundenen Räumen, die sich insgesamt 590 Kilometer ins Erdinnere erstrecken – das entspricht der Entfernung Stuttgart–Dresden. Allerdings geht es in der Mammoth Cave nirgendwo besonders tief hinab, das heißt, sie verläuft relativ dicht unter der Oberfläche.

Doppelt so groß

Welche Zahl ist doppelt so groß wie die um 2 kleinere Zahl?

Das kann man vom tiefsten Hohlraum der Welt, der Voronya-Höhle in Georgien, nicht behaupten. Der Eingang liegt in 2250 Meter Höhe, und von da geht es 2190 Meter abwärts: durch steile Gänge, über 100 Meter tiefe Schächte, vorbei an unterirdischen Seen, Wasserfällen und Sümpfen.

Die größte zusammenhängende Kammer findet sich innerhalb der Sarawak-Höhle auf Borneo. Mit rund 600 Metern Länge, 400 Metern Breite und fast 100 Metern Höhe ist sie so groß, dass in ihr mühelos 7500 Autobusse Platz hätten.

In Deutschland ist die längste Höhle das Hölloch nahe Oberstdorf. Wer bis zum Ende geht, kommt 10 082 Meter weit und muss dabei einen Höhenunterschied von 452 Metern überwinden.

Und die tiefste deutsche Höhle? Die trägt den hübschen Namen »Riesending«, findet sich am Untersberg in den Berchtesgadener Alpen und erstreckt sich fast einen Kilometer – genau 990 Meter – in die Tiefe.

Wenn ein Hund in die Jahre kommt, schon bei kurzen Spaziergängen außer Atem gerät, leise gesprochene Kommandos nicht mehr versteht und weiter Entferntes schlichtweg übersieht, vergleicht man sein Alter gern mit dem eines betagten Menschen. Oft hört und liest man, zu diesem Zweck müsse man einfach die Zahl seiner Lebensjahre mit 7 malnehmen. Doch das funktioniert nicht, denn die Entwicklung eines Hundes verläuft vollkommen anders und vor allem in den ersten beiden Lebensjahren weitaus stürmischer als bei einem Menschen.

Mit eineinhalb – das würde nach der Siebener-Regel etwa zehn Menschenjahren entsprechen – zählt ein Hund nämlich bereits zu den Jünglingen und ist schon eine ganze Weile geschlechtsreif, kann also längst Nachwuchs zeugen oder gebären. In den ersten beiden Lebensjahren muss man sein Alter daher ungefähr mit 14 multiplizieren, was einen zwei Jahre alten Hund mit einem 28-jährigen Menschen auf dieselbe Stufe stellt.

Danach altert ein Hund deutlich langsamer, sodass ein Lebensjahr bei ihm nur noch so viel wie 4 bis 5 eines Menschen zählt. Ein 6 Jahre altes Tier entspricht demnach von seiner Entwicklung her einem 44-Jährigen ($2 \times 14 + 4 \times 4$) und ein Hundegreis von 15 einem 80 bis 90 Jahre alten Menschen. Dass diese Berechnungsweise auch nur sehr bedingt stimmt, beweist der bislang älteste Hund der Welt, ein australischer Cattledog, der 1930 mit 29 Jahren starb. Rechnet man das in der beschriebenen Weise um, kommt man auf 136 Jahre – ein Alter, das bislang noch kein Mensch auch nur annähernd erreicht hat.

Im Schneckentempo

Eine Weinbergschnecke fällt in einen 10 Meter tiefen Brunnen. Sofort macht sie sich daran, wieder herauszukommen, und beginnt, die senkrechte Wand hinaufzuklettern. Dabei schafft sie tagsüber 3 Meter, rutscht aber in der Nacht, während sie schläft, jedes Mal 2 Meter zurück. Nach wie vielen Tagen ist sie oben?

Wer schon einmal in der Nordsee gebadet hat, kennt sie, die Quallen: durchsichtige, glibberige Dinger mit ausladenden Schirmen und fiesen Anhängseln (Tentakeln), bei deren Berührung günstigstenfalls nur die Haut brennt und schlimmstenfalls ernste Gesundheitsstörungen drohen. Quallen enthalten rund 99 Prozent Wasser und sind deshalb so schwer zu erkennen, weil sie nur aus zwei einschichtigen, gerade mal $1/50$ Millimeter dicken Gewebslagen bestehen. Der Giftstoff, den sie abgeben, sitzt in sogenannten Nesselkapseln, die bei Berührung mit einem Druck von bis zu 150 bar (das entspricht einem professionellen Dampfstrahler) winzige Dolche herausschleudern, die mühelos die Haut des Opfers durchschlagen.

Die kleinsten Quallen, von denen es zahlreiche Arten gibt, messen nur wenige Zentimeter, während die größten Exemplare – arktische Riesenquallen namens »Nomura« – einen Schirmdurchmesser von über 2 Metern erreichen und mehr als 200 Kilo wiegen können. Entsprechend lang, nämlich bis zu 10 Meter, hängen auch ihre Tentakel herab. Besonders berüchtigt sind die Würfelquallen. Begegnet man einer von ihnen, so heißt es schnellstmöglich das Weite suchen. Die gefährlichste, weil giftigste Qualle

Sicher über den Fluss

Ein Bauer steht vor einem breiten Fluss. Er will mit seinem winzigen Ruderboot einen Wolf, eine Ziege und einen Kohlkopf auf die andere Seite bringen, kann aber pro Fahrt nur eines der Tiere oder den Kohl mitnehmen. Das ist deshalb fatal, weil in seiner Abwesenheit die Ziege sofort den Kohlkopf und der Wolf die Ziege fräße.

Wie kann er alles unbeschadet ans andere Ufer transportieren?

überhaupt kommt im Meer rings um Australien vor und heißt »Seewespe«. Sie ist wohl das am meisten gefürchtete Lebewesen pazifischer
Badestrände, fallen ihr doch mehr Menschen zum Opfer als Haien, Kro-
kodilen und Schlangen zusammen. Das liegt nicht zuletzt an der Tatsache,
dass das etwa fußballgroße Tier fast durchsichtig und oft erst im allerletz-
ten Moment zu erkennen ist – und dann ist es meist schon zu spät. Denn
die Substanz, die es bei der Berührung seiner rund 60 Tentakel von bis
zu 2 Metern Länge ausstößt, kann binnen weniger Sekunden sämtliche
Muskeln des Menschen lahmlegen – auch alle, die die Atmung antreiben.
Die Folge: Das Opfer bekommt keine Luft mehr und stirbt qualvoll. Von
diesem extrem starken Gift enthält eine einzige Seewespe so viel, dass sie
damit 250 Menschen umbringen könnte.

Selbst die höchsten Gebäude der Welt (siehe S. 158) erscheinen winzig, wenn man sie mit den höchsten Bergen vergleicht. Die 35 gewaltigsten finden sich alle im Himalaja-Gebirge zwischen China und Indien und von ihnen ist der Mount Everest der mächtigste. Mit seinen 8848 Metern über dem Meeresspiegel ist er höher als 27 übereinandergestellte Eiffeltürme. Könnte man ein derart hohes Bürogebäude errichten, so hätte es mehr als 2000 Stockwerke. In der Gipfelregion des Mount Everest ist die Luft extrem dünn, die Temperatur beträgt selten mehr als minus 20 Grad Celsius und fällt manchmal sogar auf minus 60 Grad ab. Wegen des niedrigen Luftdrucks, der nur noch knapp ein Drittel des Werts auf Meereshöhe ausmacht, kocht Wasser schon bei 70 Grad. Wer sich dort oben ein weich gekochtes Ei schmecken lassen will, muss daher lange warten, bis es fertig ist (weil es für das Gerinnen von Eiweiß und Dotter nicht auf das Blubbern des Wassers, sondern auf dessen Temperatur ankommt).

Die höchsten Berge der einzelnen Kontinente		
Kontinent	**Berg**	**Höhe über dem Meer (m)**
Afrika	Kilimandscharo	5895
Antarktis	Mount Vinson	4892
Asien	Mount Everest	8848
Australien	Mount Kosciusko	2228
Europa	Mont Blanc	4807
Nordamerika	Mount McKinley	6194
Ozeanien	Puncak Jaya	4884
Südamerika	Aconcagua	6959

Doch der Mount Everest ist keinesfalls der insgesamt höchste Berg der Erde, sondern nur derjenige, dessen Gipfel am weitesten aufragt. Nimmt man nämlich die Erdmitte als Bezugspunkt, so wird er vom Chimborasso in Ecuador um mehr als 2 Kilometer übertroffen. Der Grund für diesen scheinbaren Widerspruch liegt darin, dass die Erde keine perfekte Kugel ist. Je weiter man von den Polen Richtung Äquator geht, desto dicker wird sie, und desto höher werden, vom Erdmittelpunkt aus gerechnet, die Berge. Nach dieser Messmethode muss sich der Mount Everest mit Platz 6 auf der Rangliste begnügen.

Die 6 höchsten Berge, vom Erdmittelpunkt aus gemessen

Rang	Berg	Land	Höhe über Erd-mittelpunkt (m)	Höhe über dem Meer (m)
1	Chimborasso	Ecuador	6 384 557	6267
2	Nevado Huascarán	Peru	6 384 552	6768
3	Cotopaxi	Ecuador	6 384 190	5897
4	Kilimandscharo	Tansania	6 384 134	5895
5	Cayambe	Ecuador	6 384 094	5796
6	Mount Everest	Nepal	6 382 414	8848

Man kann die Höhe eines Berges aber auch von seinem Fuß aus messen. Tut man dies, so ist der zu Hawaii gehörende Mauna Kea mit rund 9700 Metern der höchste. Denn sein größter Teil bleibt unsichtbar, weil er etwa 5500 Meter unter dem Meeresspiegel verborgen ist. Trotzdem ragt er noch 4200 Meter aus dem Pazifik, womit selbst sein sichtbarer Teil nur 600 Meter niedriger ist als der höchste Berg der Alpen – der in Frankreich gelegene Mont Blanc (4807 Meter).

36: kleinste Summe dreier Kubikzahlen

Für Menschen, die sich an Zahlen begeistern, ist das durchaus bemerkenswert: 36 ist die kleinste Zahl, die man als Summe dreier Kubikzahlen (also solcher, bei denen eine Zahl zweimal nacheinander mit sich selbst multipliziert wird) darstellen kann. Denn

$1^3 + 2^3 + 3^3 =$

$1 \times 1 \times 1 + 2 \times 2 \times 2 + 3 \times 3 \times 3 =$

$1 + 8 + 27 = 36$

Neben der 36 gibt es bis 100 noch drei weitere Zahlen, die diese Bedingung erfüllen: 73, 92 und 99.

$73 = 1^3 + 2^3 + 4^3 = 1 + 8 + 64$

$92 = 1^3 + 3^3 + 4^3 = 1 + 27 + 64$

$99 = 2^3 + 3^3 + 4^3 = 8 + 27 + 64$

Wenn ein Ehepaar 3 oder 4 Sprösslinge hat, gilt es schon als ausgesprochen kinderreich, und eine Frau, die 5 oder mehr Kinder zur Welt bringt, wird nicht selten abfällig als »Gebärmaschine« verspottet. Dabei sind derartige Zahlen noch gar nichts.

Den Rekord im Kinderkriegen hält eine russische Bäuerin, die, wenn man Berichten des Klosters Miskolskaja glauben darf, im 18. Jahrhundert 69 Söhnen und Töchtern das Leben geschenkt hat. 27-mal war sie schwanger und gebar dabei 16-mal Zwillinge, 7-mal Drillinge und sogar 4-mal Vierlinge. Damit übertraf sie eine rund 200 Jahre später, also im 20. Jahrhundert lebende Chilenin um Längen, die im Alter von 55 Jahren ihr letztes von 55 Kindern bekam.

Den dritten Platz in der ewigen Bestenliste belegt eine Deutsche namens Barbara Stratzmann, die von 1448 bis 1503 in Bönnigheim im heutigen Kreis Ludwigsburg wohnte. Historischen Dokumenten zufolge bekam sie 18-mal ein Einzelkind, 5-mal Zwillinge, 4-mal Drillinge und jeweils einmal Sechs- und Siebenlinge. Das macht zusammen die stolze Zahl von 53 Kindern. Wer sich nun fragt, wie man eine solche Schar großzieht und ernährt, muss wissen, dass 19 Babys tot zur Welt kamen und das älteste Kind als Folge ständiger Krankheiten nur ganze 8 Jahre alt wurde. Heute vermuten Mediziner, dass die Frau eine doppelte Gebärmutter besessen haben muss.

Wie lange die Kinder der russischen Bäuerin gelebt haben beziehungsweise wie viele Söhne und Töchter der Chilenin heute noch wohlauf sind, ist leider nicht überliefert.

Weil gerade von großen Zahlen die Rede ist ...

Schreibe die Zahl Zwölftausendzwölfhundertzwölf in Ziffern.

Wer Snooker-Billard kennt, kennt auch den dreieckigen Rahmen, mit dem die 15 Kugeln vor dem ersten Stoß säuberlich angeordnet werden. Dabei kommt eine Kugel in die Spitze des Dreiecks, unter ihr liegen zwei weitere, darunter drei, wieder eine Reihe tiefer vier und so weiter. Jede mögliche Anzahl gleich großer Kugeln, mit denen man ein solches Dreieck komplett ausfüllen kann, heißt daher Dreieckszahl.

Die kleinste ist logischerweise die 1, die nächstgrößere die 3 (1 + 2), dann kommt die 6 (1 + 2 + 3), dann die 10 (1 + 2 + 3 + 4). Die ersten zehn Dreieckszahlen lauten also: 1, 3, 6, 10, 15, 21, 28, 36, 45, 55. Wie man sieht, wechseln sich immer zwei ungerade mit zwei geraden ab.

Daneben haben diese Zahlen noch zwei andere bemerkenswerte Eigenschaften: So erhält man durch Addition zweier aufeinanderfolgender Dreieckszahlen immer eine Quadratzahl (Beispiele: 1 + 3 = 4, 28 + 36 = 64, 45 + 55 = 100). Warum das so ist, wird aus der Abbildung deutlich.

Immer wieder eine Dreieckszahl

Wähle eine beliebige Zahl, multipliziere sie mit sich selbst und addiere die Ausgangszahl. Wenn du das Ergebnis halbierst, erhältst du immer eine Dreieckszahl.
Beispiel: 17
$17 \times 17 = 289$
$289 + 17 = 306$
Die Hälfte von 306 ist 153 und das ist die 17. Dreieckszahl.
Es klappt in der Tat mit jeder Zahl.

Außerdem lässt sich jede positive Zahl als Summe aus maximal drei Dreieckszahlen darstellen. Das hat der berühmte Mathematiker Carl Friedrich Gauß herausgefunden, in dessen Tagebuch sich unter dem Datum 10. Juli 1796 folgende Eintragung findet: »num = Δ + Δ + Δ«. Beispiel gefällig? $59 = 6 + 25 + 28$ oder: $83 = 10 + 28 + 45$. Es funktioniert wirklich immer.

36: Dreieckszahl und Quadrat in einem

Unter den Dreieckszahlen weist die 36 eine Besonderheit auf: Sie ist die einzige, die das Quadrat einer anderen Dreieckszahl, nämlich der 6, ist ($6 \times 6 = 36$).

Man sagt, in jeder Stadt der Welt gebe es viel mehr Ratten als Menschen, und das stimmt vermutlich auch. Denn trotz gewaltiger Anstrengungen mit Gift, Fallen und sonstigen Methoden ist es noch nie gelungen, die Zahl der Nager entscheidend zu verringern. Dazu sind sie viel zu schlau, vorsichtig und anpassungsfähig und außerdem vermehren sie sich in ungeheurem Tempo.

Weltweit kennt man mehr als 50 Rattenarten, von denen bei uns in Deutschland vor allem die Wanderratte heimisch ist. Ihr Körper ist bis zu 30 Zentimeter lang, dazu kommt noch ein schuppiger Schwanz, der fast dieselbe Länge erreicht, sodass ein ausgewachsenes Tier von der Schnauze bis zur Schwanzspitze knapp 60 Zentimeter misst. Das Gewicht beträgt rund 600 Gramm.

Ratten leben in Gruppen zusammen, die nicht selten aus 200 und mehr Mitgliedern bestehen. Bereits im Alter von 6 Wochen werden sie geschlechtsreif, und nach einer Schwangerschaft von gerade mal 3 Wochen bringen die Weibchen durchschnittlich 8 bis 10, in Einzelfällen sogar bis zu 20 Junge zur Welt, um gleich darauf schon wieder schwanger zu werden. Wegen dieser ungeheuren Fruchtbarkeit kann ein einziges Rattenpaar in einem Vierteljahr 60 Junge bekommen, von denen die Erstgeborenen in dieser Zeit auch schon wieder fleißig für Nachwuchs sorgen. So bringt es das Anfangspaar in einem Jahr nicht selten auf mehr als 1000 Nachkommen.

Kein Wunder, dass Ratten allen Versuchen, ihrer Herr zu werden, erfolgreich trotzen.

Unmögliche Teilung?

Kann man 12 so in zwei Hälften teilen, dass die eine 2 und die andere 11 ist?

Egal ob wir eine schwere Kiste heben, mit den Händen gestikulieren oder die Nase rümpfen – immer sind Muskeln beteiligt. Insgesamt besitzt unser Körper rund 640 verschiedene, wobei wir etwa 400 Muskeln willkürlich betätigen können. Die anderen 240 – dazu gehören zum Beispiel diejenigen, die permanent unsere Blutgefäße verengen oder Magen und Darm bewegen – sind pausenlos in Aktion, ohne dass wir davon das Geringste mitbekommen. Insgesamt machen unsere Muskeln fast die Hälfte unseres Körpergewichts aus, und wenn es schnell gehen muss – etwa wenn wir die Hand von einer heißen Herdplatte wegziehen –, können sie sich mit einer Geschwindigkeit von umgerechnet 30 Stundenkilometern zusammenziehen.

Allein zum Stirnrunzeln setzen wir 43 Muskeln in Aktion, während wir beim Lachen nur ganze 15 betätigen. Dabei handelt es sich in beiden Fällen um kleine Gesichtsmuskeln, die in ihrem wechselseitigen Zusammenspiel unsere Mimik steuern, also dafür sorgen, dass wir einmal freundlich, ein andermal erstaunt und manchmal vielleicht ausgesprochen wütend aussehen.

Kleiner als die Hälfte

Welche ganze Zahl ist um 2 kleiner als ihre Hälfte?

Der ausgedehnteste ist der flache Rückenmuskel, der kräftigste der Gesäß- und der kleinste der Steigbügelmuskel im Mittelohr. Der ist ganze 1,2 Millimeter lang und hat die Aufgabe, die Beweglichkeit eines winzigen Gehörknöchelchens – des Steigbügels – der einfallenden Lautstärke anzupassen.

Dass solche Minimuskeln – darunter auch die, die unsere Augen in die eine oder andere Richtung bewegen – viel weniger Kraft entfalten als zum Beispiel der mächtige Bizeps, der den Arm beugt, leuchtet ein. Würden wir alle unsere Muskeln gleichzeitig anspannen und zögen sie dazu noch in ein und dieselbe Richtung, so könnte jeder Einzelne von uns ohne große Mühe 25 Tonnen bewegen, das heißt, er wäre in der Lage, 5 ICE-Waggons oder einen ausgewachsenen Pottwal von der Stelle zu ziehen.

Die Erde ist rund 4,5 Milliarden Jahre alt. Diese Zahl kann man sich ebenso wenig vorstellen wie die ungeheuren Zeiträume, in denen die einzelnen Lebewesen nacheinander aufgetaucht sind. Ein klein wenig besser gelingt das, wenn man das Ganze auf einen einzigen Tag umrechnet.

Der beginnt natürlich um Mitternacht, das heißt um 0 Uhr. Die ersten 4 Stunden passiert nichts weiter, als dass die am Anfang rotglühende Erde sich ganz allmählich abkühlt. Dann, um 4 Uhr morgens, erscheinen die ersten winzigen Einzeller, die sich daraufhin munter vermehren und immer weitere Gebiete besiedeln; ansonsten ist nichts los. Das gilt so für die folgenden 16 Stunden, was bedeutet, dass die unsichtbaren Winzlinge mehr als zwei Drittel der Erdgeschichte auf unserem Planeten die einzigen Lebewesen sind.

Zwischen 20 und 21 Uhr abends, wenn der Tag schon zur Neige geht, erscheinen langsam die ersten Meerespflanzen, deren Zahl und Vielfalt nach und nach zunimmt. Das Land bleibt weiterhin unbewohnt. Dort wach-

sen grüne Kräuter und danach auch Sträucher und Bäume erst mehr als eine Stunde später, nämlich gegen 22 Uhr. Kurz darauf tauchen endlich auch Landtiere auf, wobei »auftauchen« die Sache insofern trifft, als sie tatsächlich eines nach dem anderen aus dem Meer steigen. Und nach einer 10-minütigen Phase wärmeren Wetters krabbeln, springen und flattern dann auch Insekten umher.

Anschließend – gegen 23 Uhr und damit nicht mehr lange vor Tagesende – bevölkert sich die Erde mit riesigen Dinosauriern (siehe S. 142). Die bleiben jedoch nur kurze Zeit. Schon nach 40 Minuten sind sie auf einen Schlag allesamt wieder verschwunden.

Um 20 Minuten vor Mitternacht beginnt schließlich die Zeit der Säugetiere und ganz am Schluss – 77 Sekunden vor Tagesablauf – erscheinen endlich auch wir Menschen auf der Bildfläche. Bedenkt man, dass bis dahin von den 86 400 Sekunden des Tages 86 323 vergangen sind, wird klar, seit welch kurzer Zeit es uns erst gibt.

Hochwasser

Vor der Küste liegt ein Tanker vor Anker. Eine von der Bordwand hängende Strickleiter berührt mit ihrer untersten Sprosse gerade so eben die Oberfläche des ruhigen Meeres. Da setzt die Flut ein, und das Wasser beginnt stündlich um 20 Zentimeter zu steigen.

Wie lange dauert es, bis die dritte Sprosse der Strickleiter nass wird, wenn die einzelnen Sprossen einen Abstand von 25 Zentimetern haben?

Kein Mensch ist jemals einem Dinosaurier begegnet, denn als vor rund 7 Millionen Jahren die ersten Menschen auf der Erde erschienen, waren die Riesen der Urzeit schon seit fast 60 Millionen Jahren ausgestorben. Dafür besiedelten Dinos bereits vor circa 250 Millionen Jahren die urzeitlichen Ebenen und Wälder. Skelettfunde weisen darauf hin, dass die ersten der insgesamt mehr als 350 Arten noch recht klein waren; die bis zu 80 Tonnen schweren pflanzenfressenden Monster (zum Vergleich: Ein Elefantenbulle wiegt rund 5 Tonnen), an die wir heute beim Namen Dinosaurier denken, kamen erst rund 70 Millionen Jahre später. Fast gleichzeitig erschienen auch riesige fleischfressende Echsen mit Köpfen so groß wie ein ganzer Mensch, mit bis zu einem Meter langen Kiefern und Hunderten dolchartiger, nach hinten gebogener und gezackter Zähne. Einer von ihnen war der bis zu 12 Meter lange und fast 5 Meter hohe »Allosaurus«, der – auf zwei Beinen – mit bis zu 33 Stundenkilometern rennen konnte und damit so schnell war wie ein heutiger menschlicher Spitzensprinter.

Aber auch im Wasser und in der Luft tummelten sich gigantische Dinos: Flugsaurier mit segelflugzeuggroßen Spannweiten zogen am Himmel ihre Kreise und in den Meeren lieferten sich bis zu 20 Meter große Fischsaurier mit Urkrokodilen und Haien blutige Kämpfe. Die schnellsten dieser Saurier schossen mit bis zu 40 Stundenkilometern durchs Wasser.

Die größten Dinosaurier überhaupt waren die mit fast 15 Metern langen Hälsen und an die 20 Meter langen Schwänzen ausgestatteten »Sauropoden«, von denen einige eine Gesamtkörperlänge von bis zu 45 Metern besaßen. Dem mächtigsten fleischfressenden Raubsaurier hört man seine enormen Ausmaße sogar am Namen an. Er hieß »Gigantosaurus« und war mit 15 Metern Länge und rund 8 Tonnen Gewicht noch größer als der vielleicht bekannteste und grässlichste: der »Tyrannosaurus Rex«, der es auf 14 Meter Länge und 7 Tonnen brachte. Damit war er etwa so lang wie die längste derzeit lebende Schlange, die Anakonda, so hoch wie eine Giraffe und schwerer als der massigste Elefantenbulle. Mit seinen fast einen

Ein verblüffender Trick

Bitte jemanden, eine beliebige dreistellige Zahl zu notieren.
Danach soll er die Ziffern in umgekehrter Reihenfolge auf-
schreiben und die kleinere Zahl von der größeren abziehen
(z. B. 563 – 365). Wenn er dir die erste (oder letzte) Stelle des
Ergebnisses nennt, kannst du ihm das komplette Resultat sagen.
Denn die mittlere Ziffer ist immer eine 9 und die erste und die
letzte ergeben zusammen ebenfalls 9. Lautet also z. B. die Einer-
ziffer 8, so muss das Ergebnis 198 sein.
Machen wir einmal die Probe aufs Exempel und notieren 428.
Umgekehrt geschrieben ergibt sich 824.
824 – 428 = 396.
Wenn du weißt, dass die erste Stelle eine 3 ist, musst du nicht
lange rechnen, um zu wissen, dass die letzte eine 6 sein muss.
Und die mittlere, die 9, steht ja ohnehin fest.

Viertelmeter langen, sägeblattartig gezackten Fangzähnen riss er einem
Gegner mit einem einzigen Biss Fleischstücke so groß wie ein Lamm aus
dem Leib.

Womit uns nur noch der größte fliegende Saurier aller Zeiten fehlt. Dem
gaben Wissenschaftler den Zungenbrecher-Namen »Quetzalcoatlus«. Ste-
hend hatte er eine Höhe von etwa 5 Metern, und wenn er mit seinen 300
Kilo und einer Flügelspannweite von 13 Metern vorbeisegelte, warf er einen Schatten wie heutzutage ein startendes oder landendes Verkehrsflug-
zeug.

Doch es gibt noch mehr Rekorde: Der »Therizinosaurus« hatte an seinen 2½ Meter langen Armen messerscharfe Krallen, die so groß waren wie

Sensenblätter. Der »Diplodocus« konnte mit seinem über 13 Meter langen Schwanz Schläge von solcher Wucht austeilen, dass er einem Gegner damit mühelos das Rückgrat brach. Und der »Hadrosaurus« besaß in seinem breiten, an einen riesigen Entenschnabel erinnernden Maul rund 1000 Backenzähne, die bei Bedarf immer wieder nachwuchsen.

Dafür, dass die Saurier zwar stark und schnell, aber ziemlich dumm waren, spricht das Gehirn des immerhin 6 Meter langen »Stegosaurus«, der mit einem Körpergewicht von 1,7 Tonnen fast so schwer war wie 25 Menschen. Während ein menschliches Gehirn nämlich etwa so groß ist wie eine kräftige Grapefruit und im Mittel 1,3 Kilo wiegt (siehe S.18), war das des Sauriers kaum größer als eine Walnuss und brachte es gerade mal auf 70 Gramm. Im Verhältnis zum Körpergewicht – und darauf kommt es an – ist das praktisch gar nichts.

Die Buche mit ihrer glatten, silbergrauen Rinde ist in unseren Wäldern der häufigste Laubbaum. So oft kommt sie vor, dass sie uns kaum noch auffällt und wir uns über sie in der Regel auch gar keine Gedanken machen. Dabei hat sie allerhand zu bieten.

Buchen werden etwa 250 Jahre alt – betagte Exemplare standen also schon in unseren Wäldern, als die Truppen Friedrichs des Großen und Napoleons hindurchzogen. Ausgewachsene Bäume erreichen eine Höhe von über 40 Metern und bringen im Frühjahr annähernd 600 000 Blätter hervor, die eine Gesamtfläche von 1200 Quadratmetern bedecken – das ist etwa so viel wie 4½ Tennisplätze! Damit filtert eine Buche pro Jahr fast 1 Tonne Staub, Bakterien und Pilzsporen aus der Luft. Es ist also schon etwas dran, wenn man sagt, im Wald sei die Luft am saubersten.

Bemerkenswert ist auch die Länge der Wurzeln, die einerseits den Baum im Boden verankern und ihn andererseits bis hinauf in die Spitze mit Wasser und Mineralstoffen versorgen. Zählt man sämtliche Verästelungen zusammen, so kommt man auf circa 23 Kilometer Wurzellänge, wobei es besonders große Bäume durchaus auch auf mehr als 25 Kilometer bringen können.

Wie jede andere grüne Pflanze betreibt die Buche in ihren Blättern einen überaus wichtigen chemischen Prozess: die Fotosynthese. Dabei produziert sie aus dem über die Wurzeln aufgenommenen Wasser und dem Kohlendioxid der umgebenden Luft Zucker und Sauerstoff. Das Kohlendioxid, das sie an einem einzigen Sonnentag verbraucht, entspricht mit fast 10 000 Litern etwa dem Ausstoß von drei Einfamilienhäusern, und der Sauerstoff, den sie dabei abgibt, würde 500 Menschen zum Atmen reichen. Das Produkt dieser gewaltigen Mühen sind täglich rund 12 Kilo Zucker, das entspricht 24 500g-Päckchen.

Baumquadrat

Wenn man 20 Buchen so nebeneinanderpflanzt, dass sie insgesamt ein Quadrat bilden, wie viele Lücken zwischen den Bäumen ergeben sich dann?

Ein Menschenfloh ist knapp 3 Millimeter lang – wahrlich nicht sonderlich beeindruckend. Faszinierend ist jedoch seine gewaltige Sprungkraft, mit der er sich aus dem Stand bis zu 33 Zentimeter nach vorn katapultiert. Könnte ein Mensch es ihm gleichtun, würde er bei einer Körpergröße von 1,75 Meter 192 Meter weit hüpfen und bräuchte damit für die 400-Meter-Strecke rund um eine Stadionrennbahn nur ganze zwei Sätze.

Außerdem ist der Floh in der Lage, sich mit seinen kräftigen Hinterbeinen 30 Zentimeter senkrecht in die Luft zu katapultieren, was dem 100-Fachen seiner Körperlänge entspricht. Wieder übertragen auf den 1,75 Meter großen Menschen, ergäbe das eine Sprunghöhe von 175 Metern und damit mehr als

> ### Nicht verwirren lassen
>
> Fünfzig geteilt durch ein halb plus zehn – wie viel ist das?

die Höhe des Kölner Doms (157 Meter). Doch was fast noch bemerkenswerter ist: Bei seinem Sprung schießt der Menschenfloh mit einer Beschleunigung nach oben, die der einer Luftgewehrkugel gleichkommt. Genauer gesagt wirkt auf ihn das 200-Fache der Erdbeschleunigung (200 g) ein. Wie viel das ist, wird beim Vergleich mit einem Astronauten deutlich, der beim rasanten Start in den Weltraum mit gerade einmal 8 g in seinen Sitz gepresst und schon dabei so schwer wie Eisen wird.

> ### 4 Liter
>
> Du hast zwei Krüge: einen mit 5 und einen mit 3 Liter Fassungsvermögen. Wie kannst du damit genau 4 Liter abmessen (du hast jede Menge Wasser und darfst es auch wegschütten)?

Doch es gibt sogar noch leistungsfähigere Springer: die Erdflöhe. Bei diesen ebenfalls etwa 3 Millimeter großen Tierchen, die in vielen unterschiedlichen Arten

vorkommen, handelt es sich genau genommen gar nicht um Flöhe, sondern um blauschwarz glänzende Käfer. Wenn sie sich bedroht fühlen, schnellen sie sich aus dem Stand bis zu 60 Zentimeter nach vorn, überspringen dabei also eine Strecke, die ihrer 200-fachen Länge entspricht. Ein Mensch mit gleichem Sprungvermögen käme 350 Meter weit, könnte also mit drei kräftigen Hüpfern einen kompletten Kilometer überwinden.

50 Grad Celsius im Schatten, flirrende Hitze, vielleicht die eine oder andere Fata Morgana und undurchdringlicher Dunst – damit muss rechnen, wer im Sommer einen der tiefsten Punkte der Erde, die chinesische Turfan-Senke, besucht. Doch auch im Winter ist es dort alles andere als gemütlich, denn bei eisigen Temperaturen stürmt es fast die ganze Zeit. Die Turfan-Senke liegt 155 Meter unter dem Meeresspiegel und gehört damit zu den sogenannten Landsenken, von denen man im Allgemeinen viel weniger hört als von ihrem Gegenteil, den hohen Gebirgen (siehe S. 132).

Der tiefste Landpunkt auf unserem Planeten befindet sich zwischen Israel und Jordanien am Ufer des Toten Meers. Wer dort auf die Wellen des vom Jordan gespeisten abflusslosen Salzsees hinausblickt, steht nicht weniger als 420 Meter unter dem mittleren Meeresspiegel. Noch vor wenigen Jahrzehnten hätte man etwa 25 Meter höher gestanden, doch da der See immer mehr austrocknet, sinkt der Wasserspiegel unaufhaltsam ab, und das Ufer erstreckt sich immer weiter ins Innere der Senke.

Die 8 tiefsten Landsenken der Erde

Rang	Name	Tiefe u. d. Meer (m)
1	Totes Meer (Israel, Jordanien)	420
2	See Genezareth (Israel)	212
3	Assalsee (Dschibuti)	173
4	Turfan-Senke (China)	155
5	Qattara-Senke (Ägypten)	133
6	Karagije-Senke (Kasachstan)	132
7	Laguna del Carbón (Argentinien)	105
8	Death Valley (USA)	86

Auch der zweittiefste Ort der Erde gehört geografisch zu Israel. Es ist der aus der Bibel bekannte See Genezareth. Mit minus 212 Metern ist er der tiefstgelegene Süßwassersee. Das bezieht sich jedoch nur auf seinen Wasserspiegel, der Boden anderer Seen reicht viel weiter unter die Erdoberfläche (siehe S. 74).

An dritter Stelle folgt der Assalsee im ostafrikanischen Dschibuti mit minus 173 Metern. Sein Wasser ist noch salziger als das des Toten Meers, ja, es ist auf unserer Erde das salzhaltigste überhaupt. Es wird aus unterirdischen Quellen gespeist, die wiederum eine Verbindung zum Indischen Ozean haben. Von dessen Meerwasser verdunstet im Assalsee ein großer Teil und das Salz bleibt zurück.

Das berühmte Death Valley in Kalifornien belegt in der Rangfolge der tiefsten Erdsenken erst Platz 8. Es liegt auf einer »Höhe« von minus 86 Metern in der Mojave-Wüste und ist vor allem wegen seiner extremen Hitze (im Sommer oft mehr als 55 Grad) und Trockenheit bekannt. Da es von über 3000 Meter hohen Bergen eingerahmt wird, auf deren Gipfeln es naturgemäß eher kalt ist, testen Autofirmen aus aller Welt hier ihre neuen Modelle. Nirgendwo sonst auf der Erde gibt es so verkehrsarme Straßen, auf denen ein Testfahrer bei extremer Trockenheit innerhalb von 20 Kilometern Temperaturunterschiede von bis zu 30 Grad Celsius durchrasen kann.

Wäscheleine

Zwischen zwei Häusern ist eine 10 Meter lange Wäscheleine gespannt, die in der Mitte 5 Meter durchhängt. Welchen Abstand haben die beiden Häuser?

Als im Jahr 1835 die erste Eisenbahn mit einer Geschwindigkeit von knapp 35 Stundenkilometern zwischen Nürnberg und Fürth unterwegs war, gab es nicht wenige, die voller Besorgnis warnten, ein solches Tempo könne ein Mensch unmöglich aushalten, ohne schwer krank zu werden. Seitdem ist die Zeit nicht stehen geblieben, und heute denkt sich niemand mehr etwas dabei, wenn er in einem deutschen ICE (»Inter-City-Express«), einem französischen TGV (»Train de Grande Vitesse« = Hochgeschwindigkeitszug) oder einem japanischen Shinkansen (zu deutsch: »neue Hauptlinie«) mit 300 Sachen durch die Gegend rast.

Der erste Zug, der auf einer normalen Schienenstrecke (also nicht mit Magnetschwebetechnik) mehr als 350 Stundenkilometer erreichte, war ein TGV im Jahr 1981: Mit exakt 380,4 km/h übertraf er die 350er-Marke sogar recht deutlich. In Deutschland – genauer gesagt auf der Strecke

Fulda–Würzburg – schaffte dann sieben Jahre später ein ICE V zum ersten Mal mehr als Tempo 400 (exakt: 406,9 Stundenkilometer). Allerdings war dieser Zugtyp nie im Einsatz, um Menschen von einem Ort zum anderen zu transportieren, sondern diente ausschließlich zum Testen neuer Techniken und Materialien. Dasselbe gilt für den Shinkansen 300 X, der 1996 in Japan mit 443 Stundenkilometern einen neuen Rekord aufstellte.

Der Weltmeister aller Züge ist aber ohnehin der französische TGV, und das gleich in doppelter Hinsicht: Zum einen erreichte er am 3. April 2007 auf der Strecke Paris–Straßburg mit sagenhaften 574,8 Stundenkilometern das höchste Tempo, mit dem jemals eine Eisenbahn über Schienen gejagt ist; und zum anderen erzielte er die höchste Durchschnittsgeschwindigkeit zwischen zwei Haltebahnhöfen. Die lagen knapp 310 Kilometer voneinander entfernt und der TGV legte die Strecke zwischen ihnen – Beschleunigung nach der Abfahrt und Abbremsung vor dem Ziel eingerechnet – im Durchschnitt mit Tempo 290 zurück.

Knappe Angelegenheit ...

Ehepaar Eilig will mit einem ICE verreisen, der in 50 Minuten abfährt. Frau Eilig muss sich jedoch vorher noch die Haare waschen, was 30 Minuten dauert, und Herr Eilig muss einen Brief schreiben, wozu er ebenfalls 30 Minuten benötigt. Außerdem muss unbedingt noch der Rasen gemäht werden, auch das kostet 30 Minuten Zeit. Wie schaffen sie es, alles zu erledigen und doch noch rechtzeitig am 4 Minuten entfernten Bahnhof zu sein?

Eine Anekdote, die ein bezeichnendes Licht auf die Rechenbesessenheit mancher Zahlenmenschen wirft, handelt von dem berühmten indischen Mathematiker Srinivasa Ramanujan. Als er einmal im Krankenhaus lag, bekam er Besuch von seinem Freund G. H. Hardy, ebenfalls einem Mathematik-Genie. Der beklagte sich, dass er den Kranken nicht mit einer mathematischen Besonderheit über die Nummer des Taxis, mit dem er ge-

Schon in der Antike gab es Menschen, für die Zahlen das Höchste waren. Einer der bedeutendsten war Diophant von Alexandrien, der um 250 vor Christus in Alexandria lebte. Als er starb, setzte man auf sein Grab einen Stein, in den man eingemeißelt hatte, wie alt er geworden war. Aber nicht in einer schlichten Zahl oder einem Datum, sondern, wie es sich für einen Mathematiker gehört, in einer Rechenaufgabe. Die lautet so:
»Passant, unter diesem Stein ruht Diophant. Oh, großes Wunder, die Wissenschaft zeigt dir die Dauer seines Lebens. Gott gewährte ihm die Gunst, den sechsten Teil seines Lebens jung zu sein. Ein Zwölftel dazu, und er ließ bei ihm einen schwarzen Bart sprießen. Ein weiteres Siebentel später war der Tag seiner Hochzeit. Und im fünften Jahr ging aus dieser Verbindung ein Kind hervor. Ach, bedauernswerter Jüngling: Er bekam die Kälte des Todes zu spüren, als er nur halb so alt war, wie sein Vater schließlich wurde. Vier Jahre danach fand dieser dann Trost für seinen Schmerz und mit dieser Weisheit schied er aus dem Leben. Wie lange währte es?«

kommen sei, erfreuen könne, doch die Zahl 1729 habe leider nichts Derartiges zu bieten. »O Hardy«, soll Ramanujan bekümmert geseufzt haben, »1729 ist doch die kleinste Zahl, die sich auf zwei verschiedene Arten als Summe der dritten Potenz zweier positiver Zahlen ausdrücken lässt!« In der Tat ist 1729 sowohl das Ergebnis von $10^3 + 9^3 = 1000 + 729$ als auch von $12^3 + 1^3 = 1728 + 1$.

Mathematiker und Ingenieure

Eine Gruppe Ingenieure und eine Gruppe Mathematiker fahren mit dem Zug zu einer Tagung. Während aber jeder Ingenieur seine eigene Fahrkarte gekauft hat, besitzen die Mathematiker insgesamt nur eine einzige. Plötzlich ruft ein Mathematiker: »Der Schaffner kommt!«, und zwängt sich mit all seinen Kollegen in eine Toilette. Der Schaffner kontrolliert die Ingenieure, sieht, dass das WC besetzt ist, und klopft an die Tür: »Die Fahrkarte bitte!« Einer der Mathematiker schiebt das Ticket unter der Tür durch und der Schaffner zieht zufrieden wieder ab.

Auf der Rückfahrt beschließen die Ingenieure, denselben Trick anzuwenden, und kaufen für die ganze Gruppe nur eine einzige Karte. Verwundert registrieren sie, dass die Mathematiker diesmal überhaupt kein Ticket lösen. Während der Fahrt ruft wieder einer: »Der Schaffner kommt!« Sofort stürzen die Ingenieure auf das eine WC, während sich die Mathematiker gemächlich auf den Weg zum anderen machen. Bevor der letzte von ihnen die Toilette betritt, klopft er bei den Ingenieuren an: »Die Fahrkarte bitte!«

Sterne, die auf regelmäßigen Bahnen um die Sonne kreisen, nennt man bekanntlich Planeten. Da die meisten von ihnen mit bloßem Auge am nächtlichen Himmel zu erkennen sind, haben sich die Menschen bereits seit der Antike über sie Gedanken gemacht und versucht, ihren Lauf zu berechnen.

Der mit Abstand größte ist nach Jupiter, dem obersten Gott der Römer, benannt. Sein Durchmesser beträgt knapp 143 000 Kilometer. Wäre er ein riesiger Tonklumpen, könnte man aus ihm sämtliche anderen Planeten formen; unsere Erde ließe sich sogar 317-mal aus dem Jupiterklumpen bilden.

Der nächstkleinere Planet ist mit 120 000 Kilometern Durchmesser Saturn. Er besticht durch einen aus Unmengen von Eisbrocken, Gestein und gefrorenen Gasklumpen bestehenden Ring, den man schon mit einem relativ einfachen Fernrohr erkennen kann, und wird von nicht weniger als 60 Monden umrundet. Da er sich viel schneller dreht als die Erde, dauert ein Tag auf ihm nur rund 10½ Stunden.

Ebenso wie auf Jupiter herrscht auch auf Saturn extrem turbulentes Wetter. Bei einer Eiseskälte von minus 180 Grad Celsius (Jupiter: minus 145 Grad) fegen Stürme über den Planeten, die fast fünfmal so stark sind wie die heftigsten, die jemals auf der Erde gemessen wurden.

Nach der Größe geordnet, folgen dem Saturn die Planeten Uranus (Durchmesser: 51 000 Kilometer) und der am weitesten von der Sonne entfernte Neptun (Durchmesser: 49 500 Kilometer). Beide sind mehr als viermal so dick wie unsere Erde und auf beiden ist es mit minus 220 Grad Celsius sogar noch wesentlich kälter als auf den zwei größten.

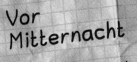

Vor Mitternacht

In einer Stunde wird es bis Mitternacht nur halb so lange dauern, wie es vor zwei Stunden gedauert hat. Wie spät ist es?

Die Erde ist dagegen vergleichsweise klein. Ihr Durchmesser beträgt nicht mehr als 12 800 Kilometer, also weniger als ein Zehntel des Jupiter-Durchmessers. Doch es gibt noch kleinere Planeten: Venus, Mars und Merkur. Während Venus (auf der übrigens eine Gluthitze von etwa 480 Grad Celsius herrscht) mit 12 100 Kilometern der Größe der Erde sehr nahe kommt, ist Mars mit 6800 Kilometern nur etwa halb und Merkur mit 4900 sogar nur etwas mehr als ein Drittel so groß. Erstaunlich, dass Merkur sich trotz seiner geringen Ausmaße so langsam dreht: Auf ihm dauert ein Tag die gleiche Zeit wie 58½ Erdentage.

Obwohl alle Planeten zu unserem Sonnensystem gehören, sind die Entfernungen zwischen ihnen ungeheuer groß. In einer maßstabsgerechten Zeichnung, in der die Erde ungefähr das Ausmaß einer Erbse hätte, wäre Jupiter mehr als 300 Meter entfernt.

3 Minuten, das kann kurz, aber auch sehr, sehr lang sein: 3 Minuten zu Mittag essen, da wird man kaum satt, aber 3 Minuten mit Höchsttempo laufen – danach ist man vollkommen fertig. Fest steht, dass in 3 Minuten jede Menge passieren kann, zum Beispiel:

- Unsere Erde legt auf ihrer Bahn um die Sonne 5 460 Kilometer zurück.
- Weltweit werden 730 Kinder geboren.
- In Deutschland kommen 4 Kinder zur Welt. Da aber in derselben Zeit 5 Menschen sterben, gibt es alle drei Minuten einen Deutschen weniger.
- 4 Kinder infizieren sich an der Immunschwächekrankheit AIDS.
- 66 Kinder auf der Erde sterben an Hunger und 9 in Afrika an Malaria.
- Die Menschen dieser Welt vertilgen 13 000 Tonnen Lebensmittel.
- Weltweit werden 48 000 Bäume gefällt; allein in Brasilien verschwindet eine Waldfläche von der Größe von 18 Fußballfeldern.
- In Deutschland werden 244 Hähnchen geschlachtet.
- Amerikaner werfen rund 180 000 Getränkedosen in den Müll.
- Deutsche Milchkühe geben so viel Milch, dass man damit mehr als 5 Tankwagen füllen könnte.

- Bauern versprühen 1400 Tonnen Kunstdünger.
- Amerikaner verzehren 4½ Rinder in Form von Hamburgern.
- Deutsche Bauern produzieren Weizen für 200 000 Brotlaibe.
- Menschen in aller Welt nehmen 6 Eisenbahnwaggons voller Schmerzmittel ein.
- In Afrika wird 1 Elefant Opfer von Wilderern.
- In den USA werden 6 Menschen von Betrunkenen überfahren.
- In Deutschland werden 36 Verbrechen verübt.
- Weltweit lassen sich 48 Ehepaare scheiden.
- In Deutschland werden 4 Fahrräder gestohlen.
- Experten entdecken 3 neue Computer-Viren.
- 2 Menschen sterben in Deutschland an den Folgen des Rauchens.
- Weltweit brechen 27 Brände aus.

In der Tat: Ganz schön viel los in 3 Minuten!

Geburtstag

Vorgestern war Jonas 19 Jahre alt, nächstes Jahr wird er 22. Welches Datum haben wir heute?

4000 m

828 m

508 m

162 m |

Die Weltbevölkerung wächst in rasantem Tempo. Im Jahr 2050 werden nach Schätzungen der Vereinten Nationen mehr als 9 Milliarden Menschen auf der Erde leben, ein Großteil davon in Städten, in denen es schon jetzt kaum noch Platz gibt. Ein Ausweg aus dem Dilemma ist, immer höhere Wohngebäude mit immer mehr Stockwerken zu bauen. Denn nur nach oben ist praktisch unbegrenzt Platz.

Der höchste Wolkenkratzer, der diesem Prinzip folgt, ist gerade erst fertig geworden: Es ist der Burj Khalifa in Dubai. Mit seinen 828 Metern ist er nicht nur das höchste Bauwerk überhaupt, sondern auch das mit der höchsten genutzten Etage (der 189.), dem höchsten Dach und der höchsten Aussichtsplattform (442 Meter, 124. Stockwerk).

Immerhin übertrifft es das zweithöchste bewohnte Gebäude, den Büroturm Taipei 101 in Taiwans Hauptstadt Taipeh (508 Meter, 101 Stockwerke), um mehr als 300 Meter. Man könnte also den höchsten Kirchturm der Welt, den des Ulmer Münsters (162 Meter), oben auf den Taipei 101 stellen und würde noch lange nicht die Spitze des Burj Khalifa erreichen.

Noch viel weiter hinaus wollten japanische Konstrukteure, die Pläne zum Bau eines 4000 Meter hohen Hauses vorgelegt haben. Es sollte »X-Seed 4000« heißen und war für eine Million Menschen vorgesehen, die darin wohnen, arbeiten und ihre Freizeit verbringen sollten. Wäre es realisiert worden, hätte es den Großglockner, Österreichs höchsten Berg, um 200 Meter überragt. Dass man das Projekt schließlich fallen ließ, lag vor allem daran, dass die Luft ab 2000 Meter Höhe, also etwa dem 400. Stockwerk, zu dünn geworden wäre. Und einen solchen Koloss in Form einer absolut dichten, mit Sauerstoff angereicherten Druckkabine (wie bei einem Flugzeug) zu bauen wäre, falls überhaupt machbar, schlichtweg unbezahlbar geworden.

Gleiche Ziffern

Wie kann man die Zahl 78 mit vier gleichen Ziffern schreiben?

Es ist wirklich verblüffend, welch entscheidende Rolle die Zahl 12 in Religion und Sagenwelt spielt: So besteht das Volk Israel aus 12 Stämmen, die auf die 12 Söhne Jakobs zurückgehen. Das Alte Testament umfasst 12 »kleine Propheten«, und Jesus, der mit 12 Jahren zum ersten Mal in der Öffentlichkeit predigte, hatte 12 Apostel. Jerusalem besaß 12 Stadttore mit 12 darauf postierten Engeln und Josua stellte bei Gilgal 12 Steine auf. Im Matthäusevangelium heißt es: »Amen, ich sage euch: Wenn die Welt neu geschaffen wird und der Menschensohn sich auf den Thron der Herrlichkeit setzt, werdet ihr, die ihr mir nachgefolgt seid, auf 12 Thronen sitzen und die 12 Stämme Israels richten.«

12 ist die kleinste abundante Zahl

Eine Zahl ist abundant – was so viel bedeutet wie »reichlich« –, wenn die Summe der Zahlen, durch die sie sich ohne Rest teilen lässt, größer ist als sie selbst. Das ist bei der 12 erstmals der Fall. Denn man kann sie durch 1, 2, 3, 4 und 6 teilen, und $1 + 2 + 3 + 4 + 6$ ergibt 16, was ja eindeutig mehr ist als 12. Während die nächsthöhere gerade abundante Zahl, die 18, nicht viel größer ist als die 12, ist das bei der kleinsten ungeraden völlig anders: Die lautet nämlich 945.

Die alten Griechen kannten 12 Titanen, die später von 12 olympischen Göttern abgelöst wurden, und der berühmte Sagenheld Herkules musste 12 lebensgefährliche Aufgaben erfüllen. Auch die Germanen verehrten 12 Götter, die in 12 Palästen wohnten. Die Astrologen unterscheiden 12 Tierkreiszeichen; an der Tafelrunde des geheimnisvollen englischen

Sagenkönigs Artus blieb der 12. Sitz dem Ritter vorbehalten, der den Heiligen Gral fand; und Karl der Große ließ sich stets von 12 ritterlichen Gefolgsleuten begleiten.

Wie bedeutsam die 12 auch heute noch als Symbol der Vollkommenheit, Vollständigkeit und Einheit ist, wird aus der Flagge der Europäischen Union deutlich: Die zeigt nämlich 12 kreisförmig angeordnete goldene Sterne auf blauem Grund. Die Anzahl 12 hat hierbei rein symbolische Bedeutung und hängt nicht etwa von der Anzahl der Mitgliedsstaaten ab.

Von Cäsar weiß man, dass er ein begnadeter Feldherr und Staatsmann war. Weit weniger bekannt sind seine Bemühungen um die korrekte Zeitrechnung, genauer gesagt: um einen funktionierenden Kalender.

Ein Jahr – die Zeit, in der die Erde die Sonne einmal umkreist – dauert 365 Tage, 5 Stunden und 49 Minuten. Kein Wunder also, dass die Römer um das Jahr 700 v. Chr. mit ihrem Kalender nicht zurande kamen. Denn der teilte das Jahr in 10 Monate mit insgesamt 355 Tagen ein. März, Mai, Juli und Oktober hatten 31 Tage, der Februar 28 und die übrigen Monate 29. Vor allem den Bauern war rasch klar, dass etwa 10 Tage fehlten, denn schon bald stimmte das Datum nicht mehr mit dem Wetter überein. Um dies zu ändern, probierten Priester, Adelige und Gelehrte verschiedene Methoden aus, wobei sie im Grunde bloß immer wieder einmal einen zusätzlichen Monat einschoben, um die fehlenden Tage zu ersetzen. Das hatte den großen Nachteil, dass viele Römer nie genau wussten, wie sie dran waren, ob also gerade die normale Jahreseinteilung galt oder ein Extramonat zu beachten war. Denn Fernsehen, Radio und Zeitungen gab es ja noch nicht. Das heißt, kalendermäßig herrschte ein einziges Chaos.

Um das Jahr 46 v. Chr. geriet die Lage schließlich vollends außer Kontrolle: Der Kalender wich fast 70 Tage vom Sonnenjahr ab. Da trat Cäsar auf den Plan und sprach ein Machtwort. Er verkündete kurzerhand, zwischen November und Dezember würden zwei weitere Monate mit 33 und 34 Tagen eingefügt. Dadurch hatte das Jahr 46 v. Chr. plötzlich 445 Tage. Cäsar nannte es »ultimus annus confusionis« – das letzte Jahr der Verwirrung. Ab 45 v. Chr. trat dann der nach seinem zweitem Vornamen Julius benannte »Julianische Kalender« mit 12 Monaten von 28, 30 und 31 Tagen sowie einer Schaltjahr-Regelung in Kraft. Allerdings hatte der Februar ursprünglich 29 und der August 30 Tage. Das passte Kaiser Augustus nicht, der darauf bestand, dass der nach ihm benannte Monat August wie Cäsars Juli ebenfalls 31 Tage haben sollte. Deshalb nahm er dem Februar den letzten Tag weg und fügte ihn kurzerhand dem August an. So galt der Kalender bis zum Jahr 1582. Da erkannte man, dass das Jahr rund 11 Minuten zu lang war und ersetzte den julianischen durch den gregorianischen Kalender. Seither sind volle Jahrhunderte nur noch dann Schaltjahre, wenn sie durch 400 teilbar sind (daher war 2000 ein Schaltjahr, 2100 wird hingegen keines sein).

In drei Tagen ...

Drei Tage vor gestern war Sonntag. Welchen Wochentag haben wir in drei Tagen?

Unser Leben spielt sich zwischen lauter Zahlen ab: Autokennzeichen, Festnetz- und Handynummern, Kontonummern und Geheimzahlen, Jahreszahlen im Geschichts- sowie Konstanten im Physikunterricht. Wie soll man sich die alle merken?

Dass es möglich ist, sich auch sehr lange Zahlenreihen einzuprägen, bei denen die Ziffern ohne erkennbaren Zusammenhang aufeinanderfolgen, beweisen Gedächtniskünstler, die dieses Kunststück mit über hundertstelligen Monsterzahlen schaffen. Aber das ist im täglichen Leben gar nicht erforderlich. Da ist es schon sehr hilfreich, wenn man relativ kurze Zahlen nicht vergisst. Und dazu gibt es eine Menge Tricks.

Einer der einfachsten und dabei wirksamsten besteht darin, den Zahlen von 0 bis 9 Bilder zuzuordnen. Nimmt man solche mit möglichst klarem Sinnzusammenhang, dauert es gar nicht lange, bis man sie im Kopf hat. Und je häufiger man mit ihnen umgeht, desto fester prägen sie sich ein. Von 0 bis 9 könnten das zum Beispiel folgende Bilder sein:

0 – Loch	(0 sieht aus wie ein Loch)
1 – Kerze	(gerade Kerze mit abgeknicktem Docht)
2 – Schwan	(ähnliche Form)
3 – Brille	(von der Seite gesehen)
4 – Segelboot	(Mast mit Segel)
5 – Hand	(5 Finger)
6 – Beutel	(mit Tragegriff)
7 – Galgen	(sieht fast genauso aus)
8 – Brezel	(verschlungenes Gebäck)
9 – Spiegel	(Taschenspiegel mit Handgriff)

Aber das sind natürlich nur Vorschläge. Jedem fällt da etwas anderes ein. Wenn man sich nun eine, sagen wir, vierstellige Zahl merken will, so erfindet man aus den zugehörigen Bildern eine Geschichte. Je bunter und verrückter sie ist, desto besser.

Ein Beispiel: Die Geheimnummer (PIN) einer ec-Karte ist 3578. Dazu merkt man sich vielleicht: Weil der Mörder seine Brille (3) vergessen hatte, musste er mit der Hand (5) nach dem Galgen (7) tasten und verlor dabei die Brezel (8), die er eigentlich vor seiner Hinrichtung noch essen wollte.

Wer an der Sache Spaß gefunden hat, dem fallen kurze Handlungen, die er sich mühelos merken kann, mit zunehmender Übung immer leichter ein. Wie gesagt, die Sache erfordert ein wenig Training, aber Gedächtniskünstler, die sich ellenlange Ziffernfolgen merken, machen es im Grunde nicht anders.

Die dritte Potenz von 71 kann man sich leicht merken

Zugegeben, man braucht sie nicht sehr oft, die dritte Potenz von 71 (71^3 oder $71 \times 71 \times 71$). Sollte man aber doch mal in die Verlegenheit kommen, so muss man nicht lange rechnen, sondern braucht nur die ungeraden Zahlen von 3 bis 11 nebeneinanderzuschreiben: $71^3 = 357\,911$. So einfach ist das.

Die höchsten Bäume der Welt wachsen in einigen Nationalparks des amerikanischen Bundesstaats Kalifornien. Es sind Küstenmammutbäume mit dem biologischen Namen »Sequoia«. Den Rekord hält ein Riese namens »Hyperion«, der erstaunlicherweise erst 2006 entdeckt wurde und unglaubliche 115,5 Meter misst. Damit ist er fast doppelt so hoch wie die bei uns heimischen Fichten, die bestenfalls 60 Meter erreichen. Würde man den Hyperion fällen und auf ein Fußballfeld legen, so reichte er von einem Tor bis zum anderen. Kein Wunder, dass so ein Gigant einen stabilen Stamm braucht. Mit 3,23 Metern Durchmesser ist dieser mehr als zweimal so dick wie der Stamm der mächtigsten Fichte.

115,5 m

3,23 m

Allerdings hält Hyperion nur den momentanen Rekord. Der höchste jemals gemessene Baum war ein Eukalyptus nahe der australischen Stadt Watts River. Als er im Jahr 1872 gefällt wurde, maß er sagenhafte 132,6 Meter. Kein anderes Gewächs hat seither wieder eine solche Höhe erreicht.

132,6 m

Doch so wie ein auffallend großer Mann nicht unbedingt besonders dick sein muss, ist auch Hyperion bei Weitem nicht der dickste Baum der Erde. Diese Ehre gebührt »General Sherman«, einem etwa 2800 Jahre alten Mammutbaum, der nach einem amerikanischen Offizier benannt wurde. Dieser Baum ist zwar »nur« knapp 84 Meter hoch, aber derart massig, dass der Stamm im unteren Teil 31 Meter Umfang erreicht. 21 ausgewachsene Menschen müssten sich mit ausgestreckten Armen an den Händen halten, um ihn zu umfassen.

31 m

2800 Jahre

»Eternal God« heißt der älteste heute noch lebende Baum, auch er eine Sequoia. Sie steht im Prairie-Creek-Redwoods-State-Park in Kalifornien und hat vermutlich schon mehr als 12 000 Jahre auf dem Kerbholz.

12000 Jahre

Und der am schnellsten wachsende Baum? Das ist ein 1974 in Sabah, Malaysia, gepflanzter Schlaf- oder Seidenbaum. Innerhalb von 13 Monaten wuchs er 10,74 Meter in die Höhe, das sind etwa 2,8 Zentimeter pro Tag.

10,74 m   2,8 cm

Zum Schluss noch der bis heute schwerste Baum: Das war ein im Jahr 1905 von einem Sturm gefällter Mammutbaum mit Namen »Lindsey Creek Tree«, der ebenfalls in Kalifornien stand. Einschließlich Blättern, Ästen und Wurzeln wog er rund 3630 Tonnen – so viel wie 800 Elefanten.

3630 t

Weil wir gerade über Bäume reden

Ein Baumstamm wird in 4 gleich große Teile zersägt. Für jedes Durchsägen braucht man 5 Minuten. Wie lange dauert die ganze Arbeit?

Wie alt ein Tier werden kann, hängt vor allem von seiner Größe und dem Tempo seines Energieverbrauchs ab. Sehr große Tiere, die sich langsam fortbewegen und ihre aus gewaltigen Nahrungsmengen erzeugte Energie nur ganz allmählich verbrauchen, leben am längsten. Kein Wunder also, dass Riesenschildkröten in puncto Lebenserwartung ganz weit vorn liegen. Ein besonders berühmtes Exemplar war die Schildkrötendame Harriet, die Charles Darwin in den Dreißigerjahren des 19. Jahrhunderts als Baby von den Galapagosinseln mit nach Europa brachte. Als das Tier 2006 starb, war es nachweislich mindestens 176 Jahre alt.

Doch damit ist die Schildkröte in puncto Langlebigkeit keinesfalls der absolute Rekordhalter. Diese Ehre gebührt dem Grönlandwal, einem mit 60 bis 100 Tonnen Gewicht ausgesprochen mächtigen und auch wieder eher behäbigen Tier. Im Jahr 1996 erlegten Walfänger in der Arktis einen solchen Riesen, dessen Alter Wissenschaftler nachträglich mit biochemischen Methoden auf 211 Jahre festlegten. Der Drittplatzierte nach Wal und Schildkröte ist vermutlich der Stör, ein Fisch, der bis zu 1,5 Tonnen schwer werden kann. 1953 wurde im amerikanischen Lake Winnebago ein Koloss gefangen, dessen Alter man auf 154 Jahre bestimmen konnte.

Aber auch andere Fische leben erstaunlich lange. Berühmt geworden ist in dieser Hinsicht ein Aal namens Aalfred, den eine Bochumer Familie in der Badewanne hält, nachdem ihn der Familienvater im Jahr 1969

Teurer Schein

Du hast zwei Euroscheine, die zusammen 110 Euro wert sind.

Einer davon ist kein 10-Euro-Schein.

Welche Scheine hast du?

angelte. Mittlerweile hat er mehr als 40 Jahre auf dem Buckel, und es ist damit zu rechnen, dass er noch sehr lange leben wird. Denn der älteste Aal, über dessen Leben es präzise Aufzeichnungen gibt, hat erst mit 88 Jahren das Zeitliche gesegnet.

Unter den Haustieren wird der Papagei am ältesten. Je nach Art kann er bis zu 50 Jahre erreichen. Danach folgen der Wellensittich mit einer Lebenserwartung von etwa 25 und die Katze mit rund 22 Jahren (es gibt allerdings Katzen, die sind nachweislich über 30 geworden).

Im 13. Jahrhundert gab es in Italien einen Mann, der züchtete Kaninchen. Von denen bekam jedes Paar pro Monat zwei Junge. Das neue Paar war bereits im zweiten Monat nach der Geburt fruchtbar und schenkte einem weiteren Paar das Leben. Im ersten Monat blieb es also bei dem ursprünglich einen Paar, einen Monat später waren es schon 2. Und von diesen 2 Paaren brachte im dritten Monat wieder das erste ein weiteres Paar zur Welt, während das neu hinzugekommene noch einen Monat warten musste. Nach drei Monaten waren es somit 3, nach vier Monaten 5 und nach fünf Monaten 8 Kaninchenpaare. Über diese rasante Zunahme erschrak der Mann, denn er musste die Tiere ja schließlich füttern und pflegen. Deshalb bat er den berühmtesten Mathematiker der damaligen Zeit, ihm auszurechnen, wie die Langohren in Zukunft an Zahl zunehmen würden.

Der Mathematiker hieß Leonardo da Pisa, wurde aber allgemein Fibonacci genannt. Er tat dem Züchter den Gefallen und entwickelte eine Zahlenfolge, aus der man für jeden beliebigen Monat mühelos die zu erwartende Anzahl an Kaninchen ablesen konnte, wobei er allerdings einfach voraussetzte, dass keines der Tiere starb. Überhaupt ist eine solche vollkommen regelmäßige Vermehrung natürlich alles andere als wirklichkeitsnah.

Noch eine Zahlenfolge

Die Fibonacci-Folge ist natürlich nicht die einzige Reihe von Zahlen, bei denen sich die nachfolgende jeweils aus den vorhergegangenen ergibt. Derartige Verknüpfungen werden oft in Tests verwendet, um herauszufinden, ob der Kandidat logisch denken kann.
Ein Beispiel: Wie muss in der folgenden Reihe die nächste Zahl heißen: 2, 5, 9, 14, 20, 27 ?

Fibonacci beschäftigte sich daneben noch mit vielen anderen Themen, bei denen Zahlen und Formeln eine Rolle spielten, aber erstaunlicherweise ist sein Name ausschließlich wegen der von ihm entwickelten Kaninchenreihe berühmt geworden. Seit jener Zeit heißt sie »Fibonacci-Folge«.

Eine unmögliche Zahlenfolge?

Vielleicht kennst du jemanden, der sich brüstet, das System, nach dem derartige Reihen angeordnet sind, in null Komma nichts herauszufinden. Einen solchen Superschlauen kannst du ziemlich sicher mit der folgenden scheinbar einfachen Aufgabe zur Verzweiflung bringen: Nach welchem Gesetz sind die nachfolgenden zehn Zahlen angeordnet? 8, 3, 1, 5, 9, 0, 6, 7, 4, 2

Wie sie gebildet wird, kann man sich leicht denken: Jede Zahl ist die Summe der beiden vorausgehenden. Da zuerst ein einziges Kaninchenpaar vorhanden war, beginnt die Folge mit einer 1. Diese muss wegen des fehlenden Nachwuchses im ersten Monat mit 0 addiert werden, was logischerweise wieder 1 ergibt. Dann aber geht es in immer schnellerem Tempo voran: $1 + 1 = 2$, $1 + 2 = 3$, $2 + 3 = 5$, $3 + 5 = 8$, $5 + 8 = 13$ und so weiter.

Seither hat man Zahlen dieser berühmten Reihe häufig in der Natur gefunden: Blätter, Stängel oder Früchte von Pflanzen, aber auch die Einzelbestandteile von Kiefernzapfen oder Blumenkohl sind oft spiralförmig angeordnet, und wenn man die einzelnen Elemente einer solchen Spirale zählt, erhält man als Ergebnis erstaunlich oft eine Fibonacci-Zahl.

Mal angenommen, du bist Teilnehmer einer Spielshow. Du stehst vor drei Toren, von denen du weißt, dass hinter einem von ihnen ein toller Hauptgewinn – sagen wir: ein Flachbildfernseher – lockt, während hinter den anderen beiden gähnende Leere herrscht. Ein Treffer und zwei Nieten also. Du sollst dich nun für eines der drei Tore entscheiden. Nachdem du das getan hast, öffnet der Moderator jedoch noch nicht das von dir gewählte, sondern macht zunächst ein anderes Tor auf, ohne Fernseher dahinter. Jetzt bietet er dir an, dir noch einmal zu überlegen, ob du bei deiner ursprünglichen Wahl bleibst oder vielleicht lieber tauschen möchtest.

Was, meinst du, solltest du tun?

Auflösung: Du solltest unbedingt tauschen, denn damit verdoppelst du deine Chancen auf den Hauptgewinn! Das kann man leicht erklären: Angenommen, der Fernseher steht hinter Tor 3 und du entscheidest dich für Tor 1. Deine Gewinnwahrscheinlichkeit beträgt bei drei Wahlmöglichkeiten logischerweise $^1/_3$. Der Moderator öffnet nun Tor 2 und fragt dich anschließend, ob du bei Tor 1 bleibst oder lieber zu Tor 3 wechseln willst. Tauschst du jetzt nicht, so ändert sich an deinen Chancen rein gar nichts, und du wirst in diesem Fall ohne den Fernseher nach Hause gehen. Wechselst du aber zu Tor 3, landest du einen Volltreffer. Genauso sieht es aus, wenn du dich anfänglich für Tor 2 entscheidest. Nachdem der Moderator Tor 3 geöffnet hat, triffst du mit einem Tausch ins Schwarze, ohne aber nicht.

Nur wenn du dich von Anfang an für Tor 3, das mit dem Fernseher dahinter, entschieden hast, ist der Tausch eine schlechte Wahl. Aber das kannst du ja nicht wissen. Fakt ist jedenfalls, dass du in 2 von 3 möglichen Fällen mit dem Wechsel auf das andere Tor richtigliegst. Oder anders ausgedrückt: Die Wahrscheinlichkeit zu gewinnen ist durch den Wechsel von $^1/_3$ auf $^2/_3$ gestiegen. Und das ist exakt die doppelte Gewinnchance.

Manchmal ist ein bisschen Mathe doch wirklich ganz hilfreich.

Die größte Zahl mit 3 Ziffern hat 369 693 100 Stellen

Es ist die Zahl 9 hoch 9 hoch 9. Sie hat fast 370 Millionen Stellen, was – auf einem Computer mit Schriftgröße 12 geschrieben – ein Zahlenungetüm von mehr als 2000 Kilometern Länge ergäbe.

Ein »Palindrom« ist ein Wort, das vorwärts und rückwärts gelesen gleich lautet, zum Beispiel OTTO, REITTIER oder RELIEFPFEILER. Es gibt sogar komplette Palindrom-Sätze, deren bekanntester wohl folgender ist: »EIN NEGER MIT GAZELLE ZAGT IM REGEN NIE.« Entsprechend weist eine Palindrom-Zahl von vorn und hinten gelesen dieselbe Ziffernfolge auf, zum Beispiel 121, 2442 oder 35622653.

Nimmt man irgendeine beliebige mehrstellige Zahl, notiert deren Ziffern in umgekehrter Reihenfolge und addiert beide Zahlen, so erhält man meist schon nach wenigen Schritten ein solches Palindrom.

Nehmen wir als Beispiel die 69:

69 + 96 = 165

165 + 561 = 726

726 + 627 = 1353

1353 + 3531 = 4884

Bei manchen Ausgangszahlen geht das sehr schnell (zum Beispiel: 12 + 21 = 33), bei anderen dauert es etwas länger – und bei einigen wenigen funktioniert es überhaupt nicht.

Palindromische Daten

In jedem Jahrhundert gibt es naturgemäß nur eine einzige Jahreszahl mit palindromischer Zahlenfolge. Im 20. Jahrhundert war das 1991, im jetzt laufenden ist es 2002 und im nächsten wird es 2112 sein.

Unter diesen Palindromen weist die Zahl 2002 eine kuriose Besonderheit auf: Gibt man sie in einen Taschenrechner ein, so verändert sie sich auch dann nicht, wenn man den Rechner auf den Kopf stellt.

Das hat die Mathematiker weltweit natürlich nicht ruhen lassen. Sie haben gerechnet und gerechnet und schließlich herausgefunden, dass die kleinste Zahl, die auf diese Weise niemals zu einem Palindrom führt, die 196 ist. Wer will, kann das gern selbst ausprobieren, aber das haben andere natürlich schon längst getan. Einige ganz Hartnäckige haben, ausgehend von der 196, sogar so lange addiert, dass sie bei Zahlen mit 70 Millionen Stellen angekommen sind. Und noch immer war weit und breit kein Palindrom in Sicht.

Warum das so ist, weiß kein Mensch.

Ein ganz besonderes Palindrom

Bildet man das Quadrat von 111 111 111, das heißt, multipliziert man die Zahl mit sich selbst, so erhält man eine wunderschöne Palindrom-Zahl, in der die Ziffern von 1 bis 9 in auf- und dann wieder absteigender Ordnung aufeinanderfolgen: 12345678987654321.

Die Zahl Pi oder π, wie sie im griechischen Alphabet geschrieben wird, ist eine sehr einfache und überaus komplizierte Zahl zugleich. Einfach ist sie, weil sie bei jedem Kreis, egal wie groß er ist, das Verhältnis zwischen Umfang und Durchmesser angibt. Wenn man also den Durchmesser kennt, muss man diesen nur mit π multiplizieren, und schon hat man den Umfang. Kein Wunder daher, dass man auf π immer dann nicht verzichten kann, wenn man Berechnungen anstellt, in denen irgendetwas Rundes vorkommt. So braucht man die Zahl zur Ermittlung der genauen Planetenbahnen ebenso wie zur Konstruktion von Autoreifen oder zur Klärung der Frage, wie viele Kirschen in ein Glas passen.

Weil es gerade
um Rundes geht ...

Zwei Eisenkugeln wiegen zusammen 110 Kilo. Die große wiegt 100 Kilo mehr als die kleine.
Wie viel wiegt die kleine?

Höchst kompliziert ist π, weil es sich dabei, wie Mathematiker sagen, um eine »irrationale« Zahl handelt. Das heißt, sie lässt sich nicht in einem einfachen Bruch, sondern nur als Dezimalzahl darstellen. Dabei steht links vom Komma lediglich die 3, rechts folgen als erste Ziffern 141592… Doch das sind wirklich nur die ersten, denn die Zahl hat kein Ende. Immer gibt es noch eine weitere Nachkommastelle, und es ist für Mathematiker eine gewaltige Herausforderung, möglichst viele davon zu finden. Als höchst problematisch erweist sich dabei, dass die Abfolge keinerlei Gesetzmäßigkeit erkennen lässt. Vielmehr wirken die Nachkommastellen vollkommen willkürlich. Da es tatsächlich unendlich viele (siehe Seite 206) sind, kommen darin zwangsläufig sämtliche möglichen Zahlenfolgen vor – beispielsweise jede denkbare Telefon- oder Kontonummer.

Der Erste, der erkannte, dass man π niemals ganz genau ausrechnen, sondern stets nur annäherungsweise angeben kann, war der im dritten vorchristlichen Jahrhundert lebende griechische Mathematiker Archimedes. Er zeichnete um einen Kreis ein regelmäßiges 96-Eck und konnte π auf diese Weise bis auf drei Stellen nach dem Komma ausrechnen. In der Folge fanden Zahlenkundler immer mehr Ziffern. Der aktuelle Rekord steht bei unglaublichen 206 Milliarden.

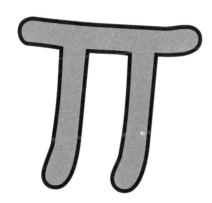

Was man davon hat? Eigentlich gar nichts. Das ist so ähnlich wie Bungee-Jumping aus immer größeren Höhen: Es nutzt niemandem, liefert denen, die sich dafür begeistern können, aber den ultimativen Kick.

Ein Quadrat ist magisch, wenn die Zahlen jeder Zeile, jeder Spalte sowie der beiden Diagonalen dieselbe Summe ergeben. Quadrate dieser Art gibt es nachweislich schon seit mehr als 4000 Jahren.

Das erste, das man gefunden hat, stammt von dem chinesischen Kaiser Yu und enthält lediglich die Ziffern von 1 bis 9, deren Addition in jeder Richtung 15 ergibt. So sieht es aus:

2	7	6
9	5	1
4	3	8

Neben derartigen komplett magischen Quadraten gibt es auch sogenannte »halbmagische«, bei denen nur die Zahlen der Zeilen und Spalten, nicht jedoch der Diagonalen dieselbe Summe ergeben. Ein besonders einfaches ist das folgende, das mit den Ziffern 1, 2 und 3 auskommt:

1	2	3
2	3	1
3	1	2

Doch es gibt auch Quadrate, die sind mehr als nur magisch. Man nennt sie »panmagisch«, was so viel bedeutet wie »ganz und gar zauberhaft«. Zu dieser Kategorie gehört eines der berühmtesten überhaupt, nämlich jenes, das man im Kupferstich »Melencolia I« des Malers Albrecht Dürer bewundern kann.

16	3	2	13
5	10	11	8
9	6	7	12
4	15	14	1

Es zeichnet sich dadurch aus, dass nicht nur die Zahlen in den Zeilen, Spalten und Diagonalen die Summe 34 ergeben, sondern dass dies ebenso für die vier Eck- und Mittelzahlen zutrifft. Doch damit nicht genug: Auch die im Uhrzeigersinn an die Eckfelder angrenzenden Zahlen (3, 8, 14, 9) ergeben in der Summe 34 und die jeweils folgenden genauso: 2 + 12 + 15 + 5 = 34. Und gewissermaßen als Krönung des Ganzen hat Dürer auch noch die Jahreszahl der Entstehung des Bildes, 1514, in die unterste Zeile eingebaut.

Goethes »Hexeneinmaleins«

Das wohl bekannteste Einmaleins der Literatur stammt aus Goethes »Faust I«. Darin braut eine Hexe einen Zaubertrank, der den Gelehrten Faust um 30 Jahre verjüngen soll, und sagt dabei den Spruch auf:

Du musst versteh'n!	Aus Fünf und Sechs,
Aus Eins mach Zehn,	So sagt die Hex',
Und Zwei lass geh'n,	Mach Sieben und Acht,
Und Drei mach gleich,	So ist's vollbracht:
So bist Du reich.	Und Neun ist Eins,
Verlier die Vier!	Und Zehn ist keins.
	Das ist das Hexen-Einmaleins!

Seither haben sich zahlreiche Mathematiker Gedanken über den Sinn dieser Zeilen gemacht und sind dabei auf die unterschiedlichsten Ideen gekommen, unter anderem darauf, dass sich aus den Versen mit viel Fantasie ein magisches Quadrat mit der Summe 15 bilden lässt. Aber vermutlich hat Goethe sich mit seinem Gedicht einfach nur einen Spaß gemacht, der überhaupt keine tiefere Bedeutung hat.

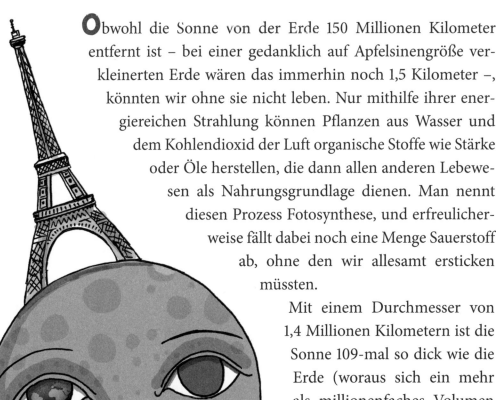

Obwohl die Sonne von der Erde 150 Millionen Kilometer entfernt ist – bei einer gedanklich auf Apfelsinengröße verkleinerten Erde wären das immerhin noch 1,5 Kilometer –, könnten wir ohne sie nicht leben. Nur mithilfe ihrer energiereichen Strahlung können Pflanzen aus Wasser und dem Kohlendioxid der Luft organische Stoffe wie Stärke oder Öle herstellen, die dann allen anderen Lebewesen als Nahrungsgrundlage dienen. Man nennt diesen Prozess Fotosynthese, und erfreulicherweise fällt dabei noch eine Menge Sauerstoff ab, ohne den wir allesamt ersticken müssten.

Mit einem Durchmesser von 1,4 Millionen Kilometern ist die Sonne 109-mal so dick wie die Erde (woraus sich ein mehr als millionenfaches Volumen errechnet). Doch auch im Vergleich zu den anderen, erheblich größeren Planeten (siehe S. 154) ist sie ein Gigant. Stellt man sich ihren Durchmesser auf die Größe eines Menschen verkleinert vor, so wäre selbst der mächtigste Planet Jupiter gerade mal so groß wie der Kopf und die Erde so groß wie ein Auge. Betrachtet man jedoch andere Riesensterne, so ist die Sonne eher klein. Um bei dem Vergleich mit dem Menschen zu bleiben: Im selben Maßstab verkleinert wäre Beteigeuze, der mit 700 Millionen Kilometern Durchmesser größte bekannte Stern, so groß wie drei Eiffeltürme übereinander.

Im Gegensatz zur Erde ist die Sonne kein fester Körper, sondern eine gigantische Gaskugel, in deren Kern die unvorstellbare Temperatur von 15 Millionen Grad Celsius herrscht. Selbst ihre äußeren Schichten sind immer noch 5500 Grad heiß (das ist mehr als die dreifache Schmelztemperatur von Eisen). Betrachtet man die Sonne durch ein spezielles Teleskop, so wirkt ihre Oberfläche keinesfalls glatt, sondern merkwürdig gekörnt. Diese »Körner« sind in Wirklichkeit gewaltige Säulen aus glühendem Gas, die alle 5 Minuten hochschießen und dann wieder in sich zusammenfallen. Jede einzelne von ihnen ist bis zu 1000 Kilometer breit und hoch und damit etwa so groß wie Frankreich.

Und noch etwas: Jede Sekunde wandelt die Sonne circa 600 Millionen Tonnen Wasserstoff zu Helium um. Dabei produziert sie ungefähr so viel Energie, wie die USA in einem ganzen Jahr verbrauchen. Von dieser gewaltigen Energie bekommt unsere Erde pro Sekunde rund 50 Milliarden Kilowattstunden ab – das entspricht der Leistung von 150 großen Kraftwerken.

Raffinierte Teilung

Die Zahl 45 soll so in vier Teile geteilt werden, dass man ein und dieselbe Zahl erhält, wenn man zum ersten Teil 2 addiert, vom zweiten Teil 2 subtrahiert, den dritten Teil mit 2 multipliziert und den vierten Teil durch 2 dividiert. Welche vier Zahlen, die zusammen 45 ergeben, erfüllen diese Bedingung?

Der größte Mensch, der je gelebt hat, war der Amerikaner Robert Wadlow. Als er im Juli 1940 mit gerade mal 22 Jahren starb, maß er exakt 2,72 Meter. Dass in einem solchen Riesen ein Darm von rund 6½ Metern Länge Platz hat, kann man sich noch vorstellen; dass es aber auch im Körper normal großer Menschen Bestandteile gibt, die zusammengenommen mehrere 1000 Kilometer lang sind, scheint schlicht unmöglich. Und doch ist es so.

Würde man etwa die Blutgefäße – von den dicken Hauptschlagadern über die dünnsten Arterien-Verästelungen bis zu den unterschiedlich starken und langen Venen – aneinanderreihen, so ergäbe sich eine Gesamtlänge von etwa 96 000 Kilometern. Das ist mehr als die 2-fache Länge des Äquators. Noch dreimal häufiger käme man um den Globus, würde man die rund 25 Billionen roten Blutkörperchen eines neben dem anderen zu einer einzigen langen Kette auffädeln. Eine solche Kette wäre 192 500 Kilometer lang. Und der Turm, der sich aus ihnen – mit der flachen Seite aufeinandergestapelt – bauen ließe, hätte immerhin noch die stolze Höhe von 60 000 Kilometern.

Auf noch weitaus größere Werte bringen es unsere Nerven. Von ihrer Funktion her kann man sie mit Stromkabeln vergleichen, in denen elektrische Impulse mit einer Geschwindigkeit von bis zu 430 Stundenkilometern durch unseren Körper jagen. Sämtliche Fasern zusammengenommen brächten es auf eine Gesamtlänge von 768 000 Kilometern – das entspricht der Entfernung von der Erde zum Mond und wieder zurück.

Absoluter Spitzenreiter ist jedoch unsere Erbsubstanz, deren komplizierten Namen »Desoxyribonukleinsäure« man gemeinhin mit »DNA« abkürzt (das A steht für das englische Wort »acid« = Säure). Sie befindet sich, zu knäueligen Gebilden namens Chromosomen aufgerollt, in jeder einzelnen Körperzelle, genauer gesagt, in deren Kern. Könnte man die Knäuel abrollen und die gesamte DNA einer Zelle zu einem Faden strecken, so würde dieser eine Länge von fast 2 Metern erreichen. Bei den rund 100 Billionen Zellen, aus denen unser Körper besteht, ergäbe das eine DNA-Gesamtlänge von etwa der 140-fachen Entfernung Erde–Mond.

Das 5000-Spiel

Schreibe folgende Zahlen untereinander auf einen Zettel:

1000
0040
1000
0030
1000
0020
1000
0010

Jetzt bitte einen Freund, die Zahlen von oben nach unten möglichst rasch im Kopf zu addieren und die einzelnen Zwischenergebnisse laut zu nennen. Vorher kündige großspurig an, dass er sich bestimmt verrechnen wird. Mit ziemlicher Sicherheit wirst du recht behalten.

Wir sind gewohnt, mit Zahlen zu rechnen, die auf der 10 als Basis beruhen und daher in ihrer Gesamtheit Dezimalsystem (lat. »decimus« = der Zehnte) genannt werden. Doch das ist keinesfalls das einzige Schema, mit dem sich mathematische Aufgaben lösen lassen. Die alten Chinesen, Sumerer und Babylonier benutzten seit etwa 3000 vor Christus das sogenannte Sexagesimalsystem, dessen wichtigste Zahl die 60 ist (lat. »sexagesimus« = der Sechzigste). Wie sie darauf gekommen sind, ist weitgehend unklar. Mathematikwissenschaftler vermuten, dass die Beobachtungen der regelmäßigen Veränderungen am Himmel eine große Rolle gespielt haben.

Die Babylonier konnten mit ihren Zahlen offenbar ganz gut rechnen, was nicht zuletzt daran liegt, dass sich die 60 durch so viele Zahlen teilen lässt. Egal ob man sie durch 2, 3, 4, 5, 6, 12, 15, 20 oder 30 dividiert, nie bleibt ein Rest übrig. Da wir den Umgang mit dem Sexagesimalsystem aber nicht gewohnt sind, finden wir es recht umständlich, auf diese Weise mathematische Probleme zu lösen. Dennoch hat es sich auch bei uns in Teilen bis heute gehalten: Eine Stunde hat nicht

Noch etwas zur 6

Die Zahl 6 hat eine einzigartige Eigenschaft: Ihre Potenzen, also ihre mehrfachen Multiplikationen mit sich selbst, haben am Ende immer wieder eine 6 und das gilt auch für alle mit einer 6 endenden Dezimalbrüche.
Einige Beispiele:

$6^2 = 6 \times 6 = 36$

$6^3 = 6 \times 6 \times 6 = 216$

$4{,}256^2 = 18{,}113536$

$1{,}2966^4 = 2{,}8263378141528336$

etwa 10 oder 100, sondern genau 60 Minuten, und von denen umfasst wieder jede genau 60 Sekunden. Ein Kreis wird in 360 Grade eingeteilt, und jeder dieser Grade wieder in 60 Winkelminuten, die ihrerseits jeweils 60 Winkelsekunden haben. Daraus ergibt sich die bekannte Tatsache, dass das regelmäßigste aller Dreiecke, also das gleichseitige, drei Winkel zu je 60 Grad hat.

Doch auch in anderen, nicht so offenkundigen Bereichen ist die 6 mit ihren Vielfachen bis in die heutige Zeit der Maßstab. So zum Beispiel bei Geschirrsets, die man nach wie vor nicht etwa für 5 oder 10, sondern stets für 6 oder 12 Personen kauft. Am Esstisch stehen noch immer 6 Stühle und auch das beliebte Dutzend (2 × 6) ist ein Überbleibsel des Sexagesimalsystems.

»**W**ie viel ist 43 hoch 20?«

Die Antwort kommt wie aus der Pistole geschossen: »467 Quintillionen, 56 Quadrilliarden, 167 Quadrillionen, 777 Trilliarden, 397 Trillionen, 914 Billiarden, 441 Billionen, 56 Milliarden, 671 Millionen, 494 Tausend und eins.«

Das Ergebnis ist korrekt, und der Mann, der es mal eben schnell im Kopf ausgerechnet hat, ist Rüdiger Gamm, eines der größten Rechengenies der Welt. Er ist mühelos in der Lage, jedem Datum vom 1. Januar 01 bis zum 31. Dezember 9999 in Sekundenbruchteilen den entsprechenden Wochentag zuzuordnen, multipliziert bis zu 13-stellige Zahlen so schnell wie ein Computer, berechnet Divisionen auf mehrere hundert Stellen nach dem Komma und kann die Zahl Pi (siehe S. 176) auf über 2000 Nachkommastellen genau aufsagen.

Kaum zu glauben, dass Rüdiger Gamm, dessen Intelligenzquotient doppelt so hoch ist wie der eines durchschnittlichen Menschen, die Realschule mit dem eher mäßigen Durchschnitt von 2,8 abschloss und vorher sogar eine Klasse wiederholen musste. Und zwar nicht etwa wegen Deutsch, Englisch oder Biologie, sondern ausgerechnet wegen Mathematik. Wenige Wochen nach dem Schulabschluss fiel ihm dann beim Aufräumen zufällig ein Buch mit Zahlenlisten in die Hände und er lernte – gleichsam unter einem inneren Zwang – sämtliche Quadrate der Zahlen von 1 bis 99 auswendig. Als er sich am nächsten Morgen von seiner Mutter abfragen ließ, hatte er fast alle Ergebnisse behalten. Ausgerechnet er, der Mathematik-Versager, hatte sich nahezu mühelos Unmengen kompliziertester Zahlen eingeprägt.

Damit war sein Ehrgeiz geweckt, und er stürzte sich mit Feuereifer auf Tabellen, in denen es darum ging, welcher Wochentag zu einem bestimmten Datum gehört. Damit war er rasch fertig und begann nun, immer schwierigere Aufgaben im Kopf zu rechnen, bis er Multiplikationen wie 3456 mal 7689 oder Divisionen wie 1 987 854 durch 6773 schneller lösen konnte, als ein normaler Mensch sie in einen Taschenrechner tippt.

Als er einmal gefragt wurde, ob er beim Einkaufen die Preise mitrechne, sodass er an der Kasse genau wisse, was er bezahlen muss, winkte er ab: »Das könnte ich natürlich, aber ich tue es nicht. Was ich jedoch nicht lassen kann, ist, im Kino die Wochentagsangaben zu überprüfen. Wenn da zum Beispiel eingeblendet wird: ›Dienstag, 6. September 1874‹, muss ich das sofort nachrechnen. Man glaubt gar nicht, wie oft Tag und Datum nicht zusammenpassen.«

Möchtest du selbst mal ein Rechengenie sein?

Dann erkläre einem Freund großspurig, er solle dir eine beliebige Ziffer nennen und du würdest dir dann rasch eine komplizierte Rechnung ausdenken, deren Ergebnis ausschließlich aus der genannten Ziffer besteht. Ja, du kannst sogar noch hinzufügen, du würdest die erste Zahl, mit der du rechnest, schon vorher auf einen Zettel schreiben. Das tust du dann auch und notierst auf einem Blatt Papier »12 345 679 ×«. Nennt dir dein Freund nun beispielsweise die Ziffer 5, so schreibst du rasch 45 hinter das Malzeichen und bittest ihn, das Ergebnis mit einem Taschenrechner zu ermitteln. Wenn dort auf dem Display 555 555 555 erscheint, wird er vor Verblüffung blass werden.

Die Zahl, die du hinter das Mal schreibst, kannst du leicht im Kopf ausrechnen, indem du die genannte Ziffer mit 9 multiplizierst. Bei 5 ist das logischerweise 45, aber probieren wir es einmal mit einer anderen Ziffer, beispielsweise der 8. Dann musst du die 12 345 679 mit 72 malnehmen. Das ergibt 888 888 888. Noch Fragen?

Wenn die Aufwinde in einer Gewitterwolke (siehe S. 37) so stark sind, dass sie gefrorenes Wasser, das sich zu Eiskörnern zusammenballt, eine Zeit lang in der Schwebe halten können, entsteht Hagel. Denn irgendwann werden die Klumpen so schwer, dass sie zu Boden stürzen, wobei allerdings unterwegs beim Passieren wärmerer Luftschichten der größte Teil des Eises gleich wieder schmilzt. Deshalb kommen auf dem Erdboden normalerweise nur kleine Kügelchen an, die nicht viel mehr sind als gefrorene Wassertropfen. Doch was heißt schon normalerweise? Gar nicht selten passiert es, dass die größer werdenden Eiskugeln von gewaltigen Gewitterböen mehrfach wieder nach oben gerissen werden. Bei minus 60 Grad kollidieren sie dann mit unterkühltem Wasser, das sich sofort anlagert. Auf diese Weise wachsen die Eiskugeln immer mehr an. Das geht so lange, bis auch der stärkste Aufwind sie nicht mehr halten kann und sie mit bis zu 200 Stundenkilometern Richtung Erde rasen.

Das größte Hagelkorn, das jemals gemessen wurde, fiel am 22. Juni 2003 in Aurora im US-Staat Nebraska vom Himmel. Mit einem Durchmesser von 17,8 und einem Umfang von knapp 56 Zentimetern war es so groß wie ein Handball. Allerdings war es mit knapp 760 Gramm viel schwerer, denn ein Handball wiegt nur rund 450 Gramm.

Zuvor hatte den Rekord ein Eisbrocken gehalten, der am 3. September 1970 in Coffeyville im US-Staat Kansas auf den Boden knallte. Er maß mehr als 14 Zentimeter im Durchmesser, hatte eine stachelige Oberfläche und wog rund 610 Gramm. Das war natürlich alles andere als ungefährlich, denn wer so einen Brocken auf den Kopf bekommt, kann sofort tot sein. So geschehen im April 1968 in Bangladesch, wo kiloschwere Hagelkörner mehr als 80 Menschen erschlugen.

In Deutschland fielen die dicksten Eisklumpen bei einem Gewitter vom Himmel, das am 28. Juni 2006 in Villingen-Schwenningen im Südschwarzwald niederging. Die herabsausenden Geschosse hatten einen Durchmesser von bis zu 12 Zentimetern und verletzten mehr als 120 Menschen –

einige davon schwer. Der Hagel durchschlug Dächer, demolierte Autos und ließ an einigen Stellen sogar den Straßenbelag aufbrechen wie bröseligen Kuchen.

Kaum weniger schlimm waren die gewaltigen Hagelkörner, die am 12. Juli 1984 in München rund 200 000 Autos verbeulten und 70 000 Gebäude beschädigten. Der Gesamtschaden betrug damals umgerechnet rund 1,5 Milliarden Euro.

Verblüffendes Spiel

Ein nettes Spiel: Jemand denkt sich eine Zahl (z. B. 252). Hierzu soll er die vier nächstgrößeren Zahlen addieren (252 + 253 + 254 + 255 + 256 = 1270).
Aus dem Ergebnis kann man auf die gedachte Zahl zurückschließen.
Dazu muss man es nur durch 5 teilen und 2 abziehen (1270 : 5 = 254; 254 − 2 = 252).

Wenn von sogenannten »Kleinstlebewesen« oder »Mikroorganismen« die Rede ist, fallen einem zuallererst Bakterien und Viren ein. Dabei leben Viren gar nicht, denn sie fressen nichts, scheiden nichts aus und können sich nicht ohne fremde Hilfe fortpflanzen. Dagegen sind Bakterien echte Lebewesen – und was für welche!

Sie sind zwar nur einige Tausendstel Millimeter groß, weshalb man sie allenfalls unter dem Mikroskop erkennen kann, aber das machen sie durch ihre Anzahl mehr als wett. In ein einziges Schnapsglas passen 30 000-mal mehr Bakterien, als auf der ganzen Welt Menschen leben.

Apropos Menschen: Mehr als 90 Prozent unserer Zellen gehören gar nicht uns selbst, sondern sind Bakterien. Oder anders ausgedrückt: Jeder

von uns beherbergt fast zehnmal mehr Bakterien als eigene Zellen (und von denen besitzen wir immerhin rund 10 Billionen).

Bakterien sind tatsächlich Zellen – zwar ein wenig anders aufgebaut als die von Menschen und Pflanzen, aber eindeutig Zellen. Und wie fast alle Zellen können sie sich durch Teilung vermehren. Das tun sie mit unvorstellbarem Tempo. So verdoppelt sich die Anzahl der im menschlichen Darm lebenden Kolibakterien, wenn es ihnen an nichts fehlt, alle 20 Minuten, was einen gewaltigen Schneeballeffekt auslöst. Über Nacht, das heißt in 12 Stunden, kann ein einziges Bakterium 100 Millionen Nachkommen hervorbringen. Da im Darm aber nicht nur ein einziges Kolibakterium für Nachwuchs sorgt, werden dort Tag für Tag rund 20 Milliarden neue Bakterien erzeugt, die den größten Teil des ausgeschiedenen Kots bilden (siehe S. 28).

Merkwürdigerweise denkt fast jeder, wenn er das Wort »Bakterien« hört, sofort an schlimme Krankheiten. Dabei sind die allermeisten Bakterien vollkommen harmlos und nicht wenige sogar ausgesprochen nützlich. So helfen uns die bereits erwähnten Kolibakterien im Darm bei der Zerlegung der Nahrung in wertvolle Bestandteile und versorgen uns dazu noch bereitwillig mit lebenswichtigen Vitaminen.

Haufenweise

Ein Bauer transportiert mit seinem Traktor von einem Feld 7 und von einem anderen Feld 12 Haufen Heu in seine Scheune. Wie viele Haufen Heu liegen am Ende dort?

Die antiken Ägypter gelten zwar als überaus kluge Menschen, aber in Mathematik waren sie allenfalls mittelmäßig – jedenfalls im Vergleich zu den Babyloniern. Doch obwohl sie im Grunde nur addieren und subtrahieren konnten, gelang es ihnen mithilfe einer einfachen Methode, auch Multiplikationen zu erledigen. Dabei mussten sie nur verdoppeln und halbieren, wobei sie beim Halbieren großzügig auf Stellen hinter dem Komma verzichteten, also beispielsweise 3 kurzerhand als die Hälfte von 7 betrachteten.

Um zu verstehen, wie die Sache funktioniert, nehmen wir als Beispiel die Aufgabe 13 × 56. Zunächst halbiert man den ersten Faktor (also die 13) so lange, bis die Zahl 1 herauskommt, und notiert die schrittweisen Ergebnisse untereinander:

13
6
3
1

Dann schreibt man den zweiten Faktor (die 56) neben den ersten und verdoppelt ihn so lange, bis man auf Höhe der 1 angekommen ist:

13	56
6	112
3	224
1	448

Jetzt streicht man die Zeilen, in denen links eine gerade Zahl steht:

13	56
~~6~~	~~112~~
3	224
1	448

Die danach auf der rechten Seite verbleibenden Zahlen ergeben addiert das Ergebnis: 56 + 224 + 448 = 728.
Und was ist 13 × 56? ⟶ 728!

Noch ein Beispiel: $71 \times 12 = 852$

71	12
35	24
17	48
~~8~~	~~96~~
~~4~~	~~192~~
~~2~~	~~384~~
1	768

Summe: 852

Es funktioniert tatsächlich immer.

Apropos multiplizieren

Jede ungerade Zahl – mit Ausnahme der 1 – ergibt mit sich selbst multipliziert ein Vielfaches von 8 zuzüglich 1.
Ein paar Beispiele:
$7 \times 7 = 49 = 48 + 1 = 6 \times 8 + 1$
$9 \times 9 = 81 = 80 + 1 = 10 \times 8 + 1$
$21 \times 21 = 441 = 440 + 1 = 55 \times 8 + 1$

Darüber, wie viele Milliardäre auf der Welt leben, gibt es keine absolut verlässliche Statistik – es mögen knapp 1000 sein. Fest steht jedoch, dass man sich die Zahl »Milliarde« nicht vorstellen kann. Man weiß, dass sie aus einer Eins mit neun Nullen besteht und tausend Millionen bedeutet, aber das hilft einem auch nicht viel weiter. Deshalb wollen wir einmal versuchen, uns ein wenig mehr Klarheit zu verschaffen. Dabei geht es, wohlgemerkt, »nur« um eine einzige Milliarde; die reichsten Menschen der Welt besitzen etliche davon.

Die vertrackte Zahl 142 857

Dividiere 1 durch 7, und du erhältst als Ergebnis 0,142857142857……., eine Dezimalzahl, bei der sich die Nachkommafolge 142857 ständig wiederholt.

Diese multiplizierst du mit den Ziffern von 2 bis 6:

$142857 \times 2 = 285714$

$142857 \times 3 = 428571$

$142857 \times 4 = 571428$

$142857 \times 5 = 714285$

$142857 \times 6 = 857142$

Fällt dir etwas auf? Ja, die Reihenfolge der Ziffern bleibt immer gleich, wenn auch verschoben (das siehst du an der fett gedruckten 1, die immer an einer anderen Stelle steht). Die Quersumme ist daher stets dieselbe: 27.

Nun multipliziere die Ziffernfolge mit sich selbst, das heißt, bilde aus ihr die Quadratzahl:

$142857^2 = 142857 \times 142857 = 20408122449$

Das Ergebnis teilst du in zwei Teile (20 408 und 122 449) und addierst sie. Du ahnst sicher, was herauskommt: wieder 142 857.

Würde man seinen normalen achtstündigen Arbeitstag ausschließlich dazu verwenden, von 1 bis 1 Milliarde zu zählen, wobei man jede Sekunde eine Zahl ausspräche, so bräuchte man dafür nicht weniger als achtzig Jahre. Während man die 1000 schon in etwas mehr als einer Viertelstunde erreicht hätte und bis zu 1 Million immerhin schon einen kompletten Monat brauchen würde, müsste man für das Zählen bis zu 1 Milliarde tatsächlich sein ganzes Leben einplanen – sofern man überhaupt 80 Jahre alt würde.

Wer exakt eine Milliarde Euro sein Eigen nennt und darauf verzichtet, auch nur einen Teil des Geldes gewinnbringend anzulegen, kann immer noch 50 Jahre Tag für Tag 54 794 Euro ausgeben, bevor er pleite ist. Er kann sich also beispielsweise jeden Tag ein Luxusauto kaufen oder sich alle drei Wochen eine Traumvilla für mehr als eine Million Euro bauen lassen. In einem Jahr hätte er bei dieser Verschwendung zwar knapp 20 Millionen Euro ausgegeben, trotzdem bliebe ihm noch genügend Geld, um die nächsten 49 Jahre so weiterzumachen.

Jeder Mensch hat andere Essgewohnheiten und jeder mag oder verabscheut etwas anderes. Der eine ist Vegetarier und verzichtet komplett auf Tierisches, während einem anderen allein schon beim Gedanken an einen saftigen Braten das Wasser im Mund zusammenläuft. Deshalb kann man für das, was wir im Lauf unseres – ja auch verschieden langen – Lebens zu uns nehmen, natürlich nur Mittelwerte angeben. Die aber haben es in sich.

Ein durchschnittlicher Mitteleuropäer vertilgt zwischen Geburt und Tod einen wahren Berg unterschiedlicher Nahrungsmittel. Da ist zunächst einmal ein ganzer Haufen Tiere:

- 3 komplette Rinder
- 10 Schweine
- 2 Kälber
- 2 Schafe
- mehrere 100 Hühner
- 2000 Fische

Dazu kommen:

- 10 000 Eier
- 1000 Kilo Käse
- 100 Säcke Kartoffeln
- je 80 Säcke Mehl und Zucker
- 5000 Brote
- 6000 Stück Butter
- 750 Kilo Margarine
- einige 100 Liter Speiseöl
- circa 100 Torten und Kuchen

Natürlich essen wir noch viel mehr, zum Beispiel Schokolade, Bonbons und andere Süßigkeiten. Nicht zu vergessen beträchtliche Mengen Obst und Gemüse. Und gar nicht so wenige unter uns vor allem Pizzas, Big Macs, Hotdogs und Döner Kebabs.

Die schmecken einigen offenbar so gut, dass sie davon gar nicht genug bekommen können. So zum Beispiel Mehmed Aslan aus der anatolischen Stadt Sanliurfa: Mit 52 verdrückten Dönern an einem einzigen Tag ist er amtierender Weltrekordhalter. Im Pizza-Schnellessen hält die Bestmarke ein Italiener, der eine Pizza von 31 Zentimetern Durchmesser in etwas mehr als 2½ Minuten hinunterschlang. Und auch zu Big Macs und Hotdogs gibt es Rekorde zu vermelden: Der 33-jährige Amerikaner Don Gorske hatte bis zum 27. März 2005 insgesamt nicht weniger als 20 500 Big Macs verspeist. Inzwischen werden ein paar Tausend dazugekommen sein. Und der Japaner Takeru Kobayashi, verschlang bei einer Meisterschaft in New York binnen 12 Minuten 53½ Hotdogs – das ist alle 13 Sekunden einer.

Äpfel

Hättest du eineinhalb Äpfel mehr, so hättest du eineinhalbmal so viele Äpfel, wie du jetzt hast. Wie viele hast du?

Oberall wo Straßen durch bergiges Gelände führen, findet man Autotunnel. In Deutschland ist der mit Abstand längste Durchbruch der thüringische Rennsteigtunnel auf der Autobahn A71. Seine beiden Röhren für die verschiedenen Fahrtrichtungen messen 7,92 beziehungsweise 7,88 Kilometer. Knapp 700 Meter kürzer ist die längste Verbindung mit nur einer einzigen Röhre: der Saukopftunnel auf der Bundesstraße B38 zwischen Baden-Württemberg und Hessen.

Doch im Vergleich zu unseren südlichen Nachbarländern, wo Straßen mächtige Alpenmassive durchqueren, sind die deutschen Tunnel eher kurz. In Österreich hält mit 13,98 Kilometern der Arlbergtunnel den Rekord, in der Schweiz der Gotthard-Straßentunnel mit 16,92 Kilometern. Dort dauert die Durchfahrt rund eine Viertelstunde. Beide besitzen nur eine Röhre für beide Richtungen.

Den insgesamt längsten Straßentunnel Europas – und der Welt – gibt es in Norwegen. Es ist der 24,5 Kilometer lange Laerdal-Tunnel zwischen Oslo und Bergen. Seit er fertig ist und man nicht mehr mühsam über das Gebirge kurven muss, kann man die Strecke endlich auch im Winter befahren.

Doch selbst dieses Wunderwerk der Straßenbaukunst kann es nicht mit den längsten Eisenbahntunneln aufnehmen. In Europa ist das mit 49,94 Kilometern der Eurotunnel, der unter dem Ärmelkanal hindurch Frankreich mit England verbindet. Und weltweit hält den Rekord der japanische Seikan-Tunnel: Mit 53,9 Kilometern ist er noch 4 Kilometer länger.

McNugget-Zahlen

ChickenMcNuggets, kleine appetitliche Hähnchenteile, wurden anfänglich in Schachteln zu 6, 9 oder 20 Stück verkauft.

Deshalb bezeichnet man alle Zahlen, die man durch Kombinieren der Packungsinhalte, also durch geschickte Addition von 6, 9 und 20 erhalten kann, als McNugget-Zahlen.

Die 12 gehört dazu, weil sie die Summe von zweimal 6 ist, und natürlich die 21, die sich ergibt, wenn man zur 12 noch einmal 9 addiert.

Welche ist die nächstgrößere Zahl?

Weltweit gibt es rund 1900 tätige Vulkane, die immer wieder einmal ausbrechen, Feuer, Rauch und Lava in die Luft schleudern und nicht selten verheerende Katastrophen auslösen. Den Höhenrekord hält mit 6550 Metern der Tupungato in Chile, der letztmalig im Jahr 1986 ausbrach. Der zweithöchste ist der ebenfalls in Chile gelegene Guallatiri mit 6060 Metern. Dessen letzte Eruption ereignete sich zwar bereits im Jahr 1960, aber immer wieder künden dichte Rauchwolken davon, dass jederzeit mit einer neuen Explosion zu rechnen ist. Dann schießt Lava – geschmolzenes Gestein aus über 40 Kilometern Tiefe – mit einer Temperatur von bis zu 1200 Grad Celsius aus dem Krater und vernichtet alles, was sich ihr in den Weg stellt.

So auch beim schlimmsten Ausbruch aller Zeiten, dem des indonesischen Vulkans Tambora im Jahr 1815, bei dem mehr als 90 000 Menschen ums Leben kamen und eine so gewaltige Menge Gestein in die Atmosphäre

Die 10 höchsten aktiven Vulkane der Erde

Rang	Vulkan	Land	Höhe über Meer (m)
1	Tupungato	Chile	6550
2	Guallatiri	Chile	6060
3	Lascar	Chile	5990
4	Cotopaxi	Ecuador	5897
5	Nevado de Huila	Kolumbien	5750
6	Popocatepetl	Mexiko	5462
7	Nevado del Ruiz	Kolumbien	5389
8	Sangay	Ecuador	5230
9	Tungurahua	Ecuador	5016
10	Pichincha	Ecuador	4784

geschleudert wurde, dass man damit ganz Deutschland hätte 60 Zentimeter dick zudecken können. Die Explosion war bis in eine Entfernung von 1500 Kilometern zu hören. Noch erheblich lauter war die Eruption der Vulkaninsel Krakatau im August 1883, die eine Flutwelle auslöste, in der 36 000 Menschen ertranken. Den gewaltigen Knall hörte man sogar auf der rund 5000 Kilometer entfernten Insel Rodriguez im Indischen Ozean – wenn auch wegen der enormen Entfernung rund 4 Stunden später.

Die berühmteste Vulkantragödie der Geschichte ereignete sich 79 n. Chr. in Italien, ganz in der Nähe der heutigen Stadt Neapel. Beim Ausbruch des Vesuvs verloren damals im benachbarten Pompeji rund 2000 Menschen ihr Leben. Sie verbrannten, erstickten, wurden von gewaltigen Steinbrocken erschlagen oder von panischen Mitmenschen zu Tode getrampelt. Die Ascheschicht, die am Ende die Stadt und ihre Nachbargemeinden bedeckte, war stellenweise bis zu 7 Meter dick.

Doch noch einmal zurück zu den höchsten Vulkanen der Erde. Mit rund 6000 Metern über dem Meeresspiegel sind das zwar gewaltige Riesen, doch unscheinbare Zwerge, wenn man sie mit dem mächtigsten des gesamten Sonnensystems vergleicht. Das ist der – allerdings längst erloschene – Olympus Mons auf dem Mars, der nicht weniger als 26,4 Kilometer in den Himmel ragt.

Buchstaben ersetzen

Ersetze die Buchstaben in der folgenden Additionsaufgabe durch die richtigen Zahlen. Gleicher Buchstabe = gleiche Zahl.

```
    S  E  N  D
+   M  O  R  E
_____
 M  O  N  E  Y
```

Fast 2000 Jahre lang benutzte man das römische Zahlensystem, bei dem die Zahlen durch Buchstaben ausgedrückt wurden. Mit diesem System war das Rechnen leider sehr umständlich (siehe Seite 32). Das lag nicht zuletzt daran, dass die Römer kein eigenes Zeichen für die Null kannten, die es zu dieser Zeit aber durchaus schon gab. In Indien war sie nämlich bereits lange vor Christi Geburt bekannt und kam von dort über Arabien und Spanien nach Europa. Auf Arabisch hieß die Null »Sifr«. Man erkennt unschwer, dass sich daraus das Wort »Ziffer« ableitet. In Deutschland war es dann Adam Riese, der Anfang des 16. Jahrhunderts die arabischen Zahlen und damit auch die Null allgemein bekannt machte.

Fakt ist, dass es ohne die Null keine höhere Mathematik gäbe. Auf jede andere Ziffer könnte man leichter verzichten als ausgerechnet auf sie, die ja keinen eigenen Wert besitzt. In der Zahl 702 etwa drückt sie aus, dass keine Zehner vorhanden sind, und in der Zahl 4052 gilt dasselbe für die Hunderter. Man sieht, es kommt entscheidend darauf an, an welcher Stelle die Null steht. Je größer ihre Menge am Ende einer Zahl, desto mehr werden ihre ersten Ziffern aufgewertet: So bezeichnet die 3 in der Zahl 3000 das Hundertfache der 3 in der Zahl 30. Und wenn sie ganz am Anfang steht, ist sie sogar völlig entbehrlich (03. Juni = 3. Juni).

Geht ohne Rechnen

Bitte jemanden, die Anzahl der Meere mit derjenigen der deutschen Bundesländer zu multiplizieren. Das Ergebnis soll er durch die Zahl der Bremer Stadtmusikanten teilen, dann 17 addieren und das Resultat mit dem Gefrierpunkt des Wassers in Grad Celsius multiplizieren. Ohne mitzurechnen, kannst du ihm das Ergebnis nennen.

Man muss nur das kleine Einmaleins beherrschen und wissen, wie man einstellige Zahlen addiert und subtrahiert; dann kann man dank der Null problemlos sämtliche derartigen Rechnungen – selbst mit den größten Zahlen – lösen.

Andererseits ist die Null aber auch völlig unberechenbar, und das im wahrsten Sinne des Wortes: Bei Additionen und Subtraktionen verändert sie gar nichts ($152 + 0 = 152$; $152 - 0 = 152$), bei einer Multiplikation dagegen alles ($152 \times 0 = 0$), und durch null zu dividieren, ist schlicht und einfach verboten ($152 : 0 = $ schlimmer Fehler!).

Denken, nicht rechnen!

Multipliziere alle natürlichen Zahlen von – 7 bis + 7 miteinander. Wie lautet das Ergebnis?

Wie jedes Kind hat Tim 2 Eltern: Vater und Mutter. Und von denen hat auch wieder jeder 2 Eltern, Tims Großeltern, die natürlich ebenfalls je einen Vater und eine Mutter haben. Oder anders ausgedrückt: Tim hat 2 Eltern, 4 Großeltern, 8 Urgroßeltern, 16 Ururgroßeltern und so weiter. Mit jeder Generation verdoppelt sich die Anzahl der Vorfahren. Geht man 10 Generationen zurück, so sind es schon 1024 Ahnen, von denen er abstammt. Nimmt man nun an, dass Eltern durchschnittlich 25 Jahre älter sind als ihre Kinder, so bedeutet das: Vor gerade mal 250 Jahren lebten 1024 Personen – 512 Männer und 512 Frauen –, die alle eines gemeinsam hatten: Sie waren Tims Ahnen.

Vor 250 Jahren gab es aber auf der Welt weitaus weniger Menschen als heute. Wenn von denen jeweils gut 1000 Personen Vorfahren eines aktuell lebenden Erdenbürgers waren, wie kann es dann sein, dass heute viel mehr Menschen als damals die Erde bevölkern? Nun, die Zahlen stimmen zwar, aber man muss natürlich berücksichtigen, dass ein Paar meistens mehr als nur ein Kind bekommt, das heißt, es stammen mehrere Menschen von denselben Eltern und Großeltern ab. Wer Brüder oder Schwestern hat, teilt sich mit ihnen die Großeltern; und mit einem Cousin oder einer Cousine hat man zumindest ein Großelternpaar gemeinsam.

So wie Tim hat also tatsächlich jeder Mensch 1024 Vorfahren, die vor 250 Jahren lebten, doch die meisten davon sind gleichzeitig Vorfahren anderer Menschen, vielleicht sogar von Tims Freunden und Bekannten. Geht man nur genügend weit zurück, so kann man mit Fug und Recht behaupten, dass eigentlich jeder mit jedem verwandt ist.

Verblüffendes Ergebnis

Nimm eine beliebige 7-stellige Zahl (vielleicht deine Telefonnummer).

Gib die ersten drei Ziffern in einen Taschenrechner ein.

Multipliziere die dreistellige Zahl mit 80.

Addiere 1.

Multipliziere das Ergebnis mit 250.

Addiere die letzten 4 Ziffern deiner Zahl.

Addiere die letzten 4 Ziffern ein zweites Mal.

Subtrahiere vom Ergebnis 250.

Teile das Resultat durch 2.

Du wirst staunen, was herauskommt.

Egal wie groß eine Zahl ist, es gibt immer eine noch größere. Und danach eine, die noch größer ist, und anschließend wieder eine und und und… Mathematiker sprechen hier von Unendlichkeit. Dazu ein Beispiel: Wenn man sämtliche Zahlen addiert, also $1 + 2 + 3 + 4 + 5 + 6…$ und immer so weiter rechnet, welches Ergebnis erhält man? Natürlich unendlich. Jetzt verdoppelt man jeden Summanden, also $2 + 4 + 6 + 8 + 10 + 12…$, was kommt dann heraus? Zunächst denkt man, das Ergebnis müsse doppelt so hoch sein, weil ja auch jede einzelne Zahl doppelt so groß ist wie im ersten Fall, aber man kann andererseits einwenden, dass im zweiten Fall sämtliche ungeraden Zahlen fehlen, die in der ersten Rechnung berücksichtigt werden, sodass das Ergebnis eigentlich kleiner ausfallen müsste. Fakt ist natürlich, dass beide Rechnungen unendlich ergeben, für das man üblicherweise das Zeichen ∞, also eine liegende 8 verwendet.

Unendlichkeit kann man sich nicht vorstellen, deshalb hat sie etwas Unheimliches an sich. Egal ob man eine Zahl addiert, abzieht, unendlich mit einer beliebigen Zahl multipliziert oder durch irgendeine Zahl dividiert, stets ist das Ergebnis wieder unendlich. Ja selbst wenn man unendlich mit sich selbst malnimmt, kommt unendlich heraus. Mathematisch ausgedrückt sieht das richtig komisch aus:

$$\infty + 105 = \infty$$
$$\infty - 10\,000\,000 = \infty$$
$$\infty \times 25 = \infty$$
$$\infty : 27\,365 = \infty$$
$$\infty \times \infty = \infty$$

Und wenn man ehrlich ist, ergeben derartige Rechnungen eigentlich gar keinen Sinn.

Eine halbwegs nachvollziehbare Beschreibung des Unendlichen hat der deutsche Mathematiker David Hilbert mit seinem berühmten Hotel geliefert. Dieses besitzt unendlich viele Zimmer, die alle belegt sind. Nun kommt ein neuer Gast, der auch noch aufgenommen werden will. Kein Problem. Der Hotelier bittet alle Gäste, ins Zimmer mit der nächsthöheren Nummer umzuziehen. Der Gast aus Zimmer 1 geht also in Nummer 2, der aus Zimmer 2 nimmt Zimmer 3 und so weiter. Und siehe da: Auf diese Weise ist für den neuen Gast Zimmer 1 frei geworden. Tags darauf trifft ein Bus mit unendlich vielen neuen Gästen ein. Auch hier hat der Wirt rasch eine Lösung: Er fordert sämtliche Hotelbewohner auf, in das Zimmer mit doppelt so hoher Nummer wie ihr bisheriges umzuziehen. So werden unendlich viele Zimmer mit ungerader Nummer frei.

Nur eine Frage des Tempos?

Ein Rennfahrer soll zwei Runden auf einem Rundkurs fahren und dabei insgesamt eine Durchschnittsgeschwindigkeit von 120 Stundenkilometern erreichen.

Als er die erste Runde absolviert hat, signalisiert man ihm aufgeregt, dass er viel zu langsam war, denn er hat gerade mal einen Durchschnitt von 60 Stundenkilometern erreicht.

Wie schnell muss er die zweite Runde fahren, um insgesamt noch auf die vorgeschriebene Geschwindigkeit zu kommen?

Es ist schon erstaunlich, womit etliche Zeitgenossen ihre Freizeit verbringen, nur um sich eine gänzlich nutzlose Fähigkeit anzutrainieren oder sonst wie aufzufallen. So zum Beispiel die Amerikanerin Lee Redmond, die sich seit 1979 nicht mehr die Fingernägel geschnitten hat. Knapp 30 Jahre ungestörtes Wachstum haben die Nägel zu einer Gesamtlänge von mehr als 7,50 Metern heranwachsen lassen. Mindestens genauso aufsehenerregend ist die Bestleistung des Amerikaners Matt Manister, der in vier Stunden knapp 50 Kilo Gewicht zulegte. Dazu futterte er jedoch nicht Big Mac auf Big Mac und schüttete auch nicht Unmengen Bier oder sonstige Getränke in sich hinein, sondern er benötigte die Zeit ganz einfach, um sich ein T-Shirt nach dem anderen von Größe S bis XXL überzustreifen. Am Ende steckte er in unglaublichen 155 Shirts und sah aus wie ein riesiger Stoffball.

---

16 – auch sehr bemerkenswert

Die 16 ist von allen Zahlen die einzige, die als umgekehrte Potenz geschrieben werden kann, bei der das Ergebnis also gleich bleibt, wenn man Basis und Hochzahl vertauscht: $2^4 = 4^2 = 16$. Dass keine andere Zahl diese Eigenschaft aufweist, hat kein Geringerer als der weltberühmte Schweizer Mathematiker Leonhard Euler bewiesen.

James Carmichael und seine Frau aus dem US-Bundesstaat Indiana haben seit 1977 einen Baseball bemalt; immer eine Farbschicht über die andere und das jeden Tag zweimal. Als der Ball im Juni 2004 schließlich einen Umfang von 2,77 Metern besaß, hatten sie einen neuen Weltrekord im Ball-durch-Malen-dicker-Machen aufgestellt.

Bemerkenswert auch die Leistung des Schweizers Marco Hort, der es schaffte, sich nicht weniger als 264 Strohhalme in den Mund zu stecken und diese dort mit auf dem Rücken verschränkten Armen 10 Sekunden lang festzuhalten. Oder nehmen wir die Bestmarke des Grazers Perry Zmug: Er zerbrach 42 chinesische Essstäbchen auf einmal, indem er sie mit aller Kraft gegen seinen Hals drückte.

Unbedingt erwähnt werden muss hier auch der Weltrekord von Andrew Dahl aus dem US-Staat Washington, der in einer einzigen Stunde 213 Luftballons auf mindestens 20 Zentimeter Durchmesser aufblies – und das nicht etwa mit dem Mund, sondern ausschließlich mit seiner Nase. Dazu wandte er eine ausgefeilte Technik an: Durch das eine Nasenloch sog er Luft ein, die er über das andere Nasenloch sofort wieder hinausblies und damit die Ballons füllte.

Zum Schluss noch ein ganz besonders wichtiger Weltrekord: Den stellte der Londoner Paul Hunn im April 2000 im Lautrülpsen auf, wobei er den unglaublichen Wert von 118,1 Dezibel (siehe S. 24) erreichte. Das ist lauter als der Lärm einer Motorsäge in einem Meter Entfernung.

In unserem Körper laufen eine Menge Vorgänge gleichzeitig ab, einige davon ausgesprochen gemächlich, andere rasend schnell. Der rasanteste von allen ist das Husten: Dabei verlässt die Luft den Mund mit einer Geschwindigkeit von bis zu 900 Stundenkilometern. Sehr flott sind auch die Impulse in unseren Nerven unterwegs, die mit etwa 430 Kilometern pro Stunde durch den Körper jagen. Und dann gibt es noch einen dritten Vorgang, der überaus schnell vonstattengeht: das Niesen. Hierbei schießen Luft und Schleimtropfen mit etwa Tempo 200, also fast so schnell wie ein ICE (siehe S.150) aus der Nase.

Dagegen fließt das Blut ausgesprochen gemächlich, nämlich mit gerade mal 3,6 Stundenkilometern, durch die Adern. Noch 1000-mal langsamer schiebt sich der Speisebrei durch unseren Darm: Er bringt es nur auf die lächerliche Geschwindigkeit von 3 Metern pro Stunde. Aber das ist auch

---

Alter und Schuhgröße raten

Bitte jemanden, sein Alter mit 20 zu multiplizieren
(z. B. 20 × 20 = 400).
Zu dem Ergebnis soll er das Datum des heutigen Tages addieren
(z. B. 400 + 16 = 416).
Dann soll er alles mit 5 multiplizieren (5× 416 = 2080) und zum Resultat seine Schuhgröße addieren (z. B. 2080 + 43 = 2123).
Mit dieser Zahl kannst du leicht das Alter und die Schuhgröße ausrechnen.
Du musst davon im Kopf nur das 5-Fache des Tagesdatums
(hier 80) abziehen und erhältst eine vierstellige Zahl (hier 2043).
Das sind, hintereinander gelesen, Alter und Schuhgröße.

Der Trick funktioniert immer!

gut so. Wäre er ähnlich schnell unterwegs wie das Blut, müssten wir unsere Mahlzeiten auf der Toilette einnehmen.

Beim Wachstum von Kopf- und Barthaaren (siehe S. 38) kann man schon gar nicht mehr von Geschwindigkeit sprechen. Zwischen einem drittel und einem halben Millimeter pro Tag werden sie länger. Und doch gibt es Körperteile, die trotz stetiger Längenzunahme noch erheblich langsamer wachsen: die Nägel. Für einen einzigen Millimeter benötigen die Fingernägel rund eine Woche und die Zehennägel sogar einen kompletten Monat.

Die Nummern vor den Lösungen verweisen auf das jeweilige kluge Ding mit dem zugehörigen Aufgabenzettel.

002

444 444 888 889

003 (linke Seite)

... s, s, a, n, z

Es handelt sich hier um die Anfangsbuchstaben der Zahlwörter beginnend mit eins: eins, zwei, drei, vier, fünf...

003 (rechte Seite)

11 Sekunden. Nach 5 Sekunden hat die Uhr 6-mal geschlagen, dann folgt eine Sekunde Pause bis zum Beginn der nächsten 6 Schläge (sonst würden der letzte Schlag der ersten und der erste Schlag der zweiten Serie zusammenfallen).

006

Bei einigen Ergebniszahlen gibt es mehrere richtige Lösungen. Hier jeweils eine:

1: $\quad {}^4/_4 \times {}^4/_4$

2: $\quad {}^4/_4 + {}^4/_4$

3: $\quad {}^{(4+4+4)}/_4$

4: $\quad (4-4) \times 4 + 4$

5: $\quad {}^{(4 \times 4 + 4)}/_4$

6: $\quad {}^{(4+4)}/_{4+4}$

7: $\quad 4 + 4 - {}^4/_{44}$

8: $\quad 4 + 4 + 4 - 4$

9: $\quad 4 + 4 + {}^4/_4$

10: $\quad {}^{(44-4)}/_4$

007

Bei einer viereckigen Schachtel denkt man sofort an einen Quader. Aber das ist falsch, weil der zwar einen viereckigen Grundriss, aber acht Ecken hat. Die einzig mögliche Schachtel mit vier Ecken hat die Form eines Tetraeders mit vier dreieckigen Seitenflächen. Man kennt sie als Behälter für diverse Knabbersachen.

008

Am 25. 06. 1987.

009 (oben)

1444 (MCDXLIV)

009 (unten)

Man nimmt die römische Zahl IV, stellt sie auf den Kopf und fügt sie mit VI zur Zahl XI zusammen.

011

Natürlich der Zweite, denn der Erste läuft ja nach wie vor weiter vorn.

012

Die Zahl 400 021 enthält 3 Nullen.

013

Auf 999 099 folgt 999 100 (neunhundertneunundneunzig-tausendeinhundert).

015

$54+5+5 = 550$

019

Die nächste Mirpzahl ist 71 mit dem Kehrwert 17.

020
Auf der Uhr.

022
Wenn man einmal kurz nach-
denkt, kommt man leicht darauf,
dass es gar nicht anders sein
kann. Denn welche Zahl auch
immer nach Eingabe der Lieblingszahl herauskommt, sie wird
danach mit 18 multipliziert.
Also ist sie in jedem Fall ein
Vielfaches von 18 und damit
automatisch auch von 9. Und
jedes Vielfache von 9 hat als
Quersumme ebenfalls 9.

024
Natürlich nach 99 Tagen. Einen Tag
später, am 100. Tag, verschwindet
dann bei einer täglichen Verdoppe-
lung der bedeckten Fläche auch
noch die andere Hälfte unter den
Rosen.

025 (linke Seite)
Das ist unmöglich, weil die
Addition von vier ungeraden
Zahlen immer eine gerade Zahl
ergibt.

025 (rechte Seite)
Der Trick liegt in der unterschiedlichen Bedeutung der Begriffe
»Ziffer« und »Zahl«. Die Summe
von fünf ungeraden Zahlen kann
natürlich niemals 14 ergeben, aber
aus fünf ungeraden Ziffern lassen
sich durchaus vier ungerade Zahlen bilden, deren Summe 14 ist:
$11 + 1 + 1 + 1 = 14$

027
$n = 30$
$7 - 37 - 67 - 97 - 127 - 157$ (das
sind allesamt Primzahlen)

030

Rollt man die Aufgabe von hinten her auf, ist sie ganz einfach: Neun Zehntel von 100 sind 90, acht Neuntel von 90 sind 80, sieben Achtel von 80 sind 70, sechs Siebtel von 70 sind 60. So geht das weiter, bis schließlich die Hälfte von 20 genau 10 ergibt. Eine andere, für Rechenkünstler offensichtliche Möglichkeit besteht darin, sich die Aufgabe als Bruch vorzustellen. Bei diesem lassen sich bis auf die 100 im Zähler und die 10 im Nenner alle Zahlen wegkürzen.

$$^1/_2 \times {}^2/_3 \times {}^3/_4 \times {}^4/_5 \times {}^5/_6 \times {}^6/_7 \times {}^7/_8 \times {}^8/_9 \times {}^9/_{10} \times 100 =$$

$$\frac{1 \times 2 \times 3 \times 4 \times 5 \times 6 \times 7 \times 8 \times 9 \times 100}{2 \times 3 \times 4 \times 5 \times 6 \times 7 \times 8 \times 9 \times 10} = {}^{100}/_{10} = 10$$

031

A hat 5, B hat 7 Schafe.

032

$33^1/_3$ Stundenkilometer. Denn wenn wir annehmen, dass die Strecke von A'hausen nach B'dorf 50 Kilometer lang ist, braucht er für den Hinweg genau 1 und für den Rückweg 2 Stunden. Damit legt er die 100 Kilometer insgesamt in exakt 3 Stunden zurück, fährt also pro Stunde $33^1/_3$ Kilometer.

034

Die Zahl 4, die als »vier« geschrieben genau 4 Buchstaben besitzt. Das gilt für keine andere Zahl, wenn man davon absieht, die 5 mit »ue« zu schreiben. Während im Französischen keine derartige Zahl existiert, kennen Italiener und Russen mit »tre« beziehungsweise »tri« (3) ebenso eine wie die Engländer mit »four« (4) und die Spanier mit »cinco« (5).

035

Die Töchter sind 2, 2 und 9 Jahre alt.

Denn es gibt nur 8 Möglichkeiten, die Zahl 36 in drei Faktoren zu zerlegen, nämlich:

Faktoren	Produkt	Summe		Faktoren	Produkt	Summe
$1 \times 1 \times 36$	36	38		$1 \times 6 \times 6$	36	13
$1 \times 2 \times 18$	36	21		$2 \times 2 \times 9$	36	13
$1 \times 3 \times 12$	36	16		$2 \times 3 \times 6$	36	11
$1 \times 4 \times 9$	36	14		$3 \times 3 \times 4$	36	10

Da der Mathematiker angibt, die gegebenen Informationen würden ihm nicht genügen, muss die Hausnummer 13 sein. Denn nur diese kommt als Summe zweimal vor. Entspräche die Hausnummer einer anderen möglichen Summe (10, 11, 14, 16, 21 oder 38), so wäre das Alter der Töchter eindeutig. Also sind die drei Töchter entweder 1 und zweimal 6 Jahre oder 9 und zweimal 2 Jahre alt (zwei müssen also Zwillinge sein). Da es im ersten Fall aber keine »älteste« Tochter gibt, kommt nur die zweite Möglichkeit in Betracht.

037

038

Die Wahrscheinlichkeit ist gleich null, denn wenn drei Briefe im richtigen Umschlag stecken, gilt das immer auch für den vierten.

039

Du startest beide Eieruhren gleichzeitig. Wenn die 4-Minuten-Uhr abgelaufen ist, legst du das Ei ins kochende Wasser. Dann läuft die 5-Minuten-Uhr noch eine Minute. Anschließend drehst du sie wieder herum und lässt sie bis zum Ende durchlaufen.
Jetzt sind genau 6 (1 + 5) Minuten vergangen und du kannst das Ei aus dem Wasser nehmen.

043

Weil auf dem Bücherregal – wie üblich – Band 2 rechts von Band 1 steht, berühren sich der vordere Buchdeckel des ersten und der hintere des zweiten unmittelbar. Der Bücherwurm muss also nur diese beiden Deckel durchbohren –
und dazu braucht er nicht mehr als 2 Stunden.

044 (linke Seite)

Wenn man die Zahlen laut liest und vielleicht noch das Wort »mal« dazwischen setzt, merkt man, dass jede Zeile die Zahlenfolge der Reihe darüber beschreibt.

So kann man etwa die 5. Zeile folgendermaßen lesen:
1-mal 1, 1-mal 2, 2-mal 1,
und das ist genau die Abfolge der Zahlen in der 4. Zeile.

Die fehlende Zahl lautet daher:
1 1 1 3 2 1 3 2 1 1 (1-mal 1, 1-mal 3, 2-mal 1, 3-mal 2, 1-mal 1).

044 (rechte Seite)

100 Kilo

$50 + {}^{100}/_2 = 100$

045

Lässt man auch Multiplikationen zu, ist eine mögliche Lösung:
$1+2+3+4+5+6+7+(8\times9)=100$.
Schwieriger und spannender ist es, wenn man nur addieren und subtrahieren darf. Dann kommt man vielleicht auf folgendes Resultat:
$12 + 3 - 4 + 5 + 67 + 8 + 9 = 100$.

046

Wenn von 116 Spielern zwei das Endspiel bestreiten sollen, müssen logischerweise 114 ausscheiden.

Da pro Spiel nur einer ausscheidet, müssen vor dem Endspiel 114 Matches stattfinden.

048 (linke Seite)

Tippe die Zahl in den Taschenrechner, drehe ihn um, und du liest »Liebe«.

048 (rechte Seite)

Nur einer, nämlich ich.

049

Die Anzahl der Wassermoleküle in dem Glas ist viel größer als die Anzahl der Glasfüllungen, die man aus sämtlichen Meeren der Welt entnehmen könnte. Daher enthält das Glas nicht nur einige wenige der markierten Moleküle, sondern rund 1000 Stück. Oder anders ausgedrückt: Um rein rechnerisch eines dieser Moleküle zu ergattern, muss man nicht mehr als vier Tropfen aus irgendeinem Meer nehmen.

050

alle Zehnerzahlen

$10 = 10 \times 1$

$20 = 10 \times 2$

$30 = 10 \times 3$

usw.

051

Ja, das geht. Zuerst legst du 3 Kugeln zur Seite und wiegst die anderen 6; 3 auf der linken und 3 auf der rechten Waagschale. Nun weißt du, in welcher Dreiergruppe sich die schwerere Kugel befindet. Ist die Waage im Gleichgewicht, ist sie eine der zur Seite gelegten Kugeln, andernfalls eine der 3, auf deren Seite sich die Waage nach unten neigt. Jetzt wiegst du 2 der als schwerer befundenen Dreiergruppe (eine Kugel auf jeder Seite). Zeigt die Waage an, dass beide Kugeln gleich viel wiegen, ist die gesuchte die dritte, andernfalls eben die schwerere der beiden.

052

Einem Liter Bier stehen $^{1}/_{2} + {}^{1}/_{3} + {}^{1}/_{6}$ Liter Limonade gegenüber.

$^{1}/_{2} + {}^{1}/_{3} + {}^{1}/_{6}$ ist aber genau 1, also ein Liter Limonade.

Schlussfolgerung: Die Mengen an Bier und Limonade sind gleich.

053

Eine Stunde.

Wenn er die erste genommen hat, folgt nach einer halben Stunde die zweite und nach einer weiteren halben Stunde die dritte. Dann ist insgesamt eine Stunde vergangen.

055

Natürlich 6, nämlich 5 Mädchen und einen Jungen.

056

20-mal.

Beim ersten, flüchtigen Zählen kommt man oft nur auf 19-mal, weil man übersieht, dass die 9 in der Zahl 99 zweimal vorkommt.

057

Auflösung: 4.

$4 = 2 \times (4 - 2)$

058

Nach 8 Tagen, denn wenn sie den oberen Rand des Brunnens erreicht hat, rutscht sie nicht mehr ab.

059

Zuerst bringt er die Ziege auf die andere Seite, dann rudert er den Wolf hinüber, nimmt aber die Ziege wieder mit zurück. Jetzt fährt er mit dem Kohlkopf ans andere Ufer, kehrt wieder um und holt zum Schluss die Ziege.

061

Zwölftausend sind 12 000.

Zwölfhundert sind 1200.

Also sind Zwölftausendzwölf-hundert 13 200.

Dazu noch die Zwölf, macht 13 212.

063

Ja, das geht. Man teilt das Wort ZWOELF in der Mitte und erhält so ZWO und ELF.

064

−4

Hälfte: −2

$-2 - 2 = -4$

065

Das Wasser erreicht die dritte Sprosse nie, denn das Schiff steigt mit und somit auch die Strickleiter.

067

Ebenfalls 20, ein Zwischenraum mehr als bei einer Reihenpflanzung.

068 (oben)

110 (»geteilt durch ein halb« ist mathematisch dasselbe wie »mal zwei«)

068 (unten)

Du füllst zuerst den 5-Liter-Krug und schüttest den Inhalt in den 3-Liter-Krug. Dann bleiben im großen Krug 2 Liter übrig. Anschließend leerst du den kleinen Krug und schüttest die 2 Liter aus dem großen hinein. Dann füllst du den großen bis zum Rand. Wenn du daraus nun den 2 Liter enthaltenden kleinen bis zum Rand vollmachst, bleiben im großen 4 Liter zurück.

069

Gar keinen. Denn die Leine geht 5 Meter nach unten und dann wieder 5 Meter nach oben. Anfang und Ende liegen also unmittelbar nebeneinander. Und damit auch die beiden Häuser.

070

Herr Eilig mäht zuerst 15 Minuten lang den Rasen, danach schreibt er den Brief. Frau Eilig wäscht sich 30 Minuten lang die Haare und mäht anschließend 15 Minuten lang den Rasen fertig.

071

Diophant wurde 84 Jahre alt. Man kann das mithilfe einer Gleichung ausrechnen; hier wollen wir es bei der Überprüfung belassen.

Diophant war $^1/_6$ seines Lebens, also 14 Jahre ein Knabe; $^1/_{12}$ seines Lebens war er ein Jüngling, das sind 7 Jahre. Danach war er also 21 Jahre alt. $^1/_7$ von 84 Jahren, also 12 Jahre später oder im Alter von 33, heiratete er. 5 Jahre danach, das heißt mit 38, wurde er Vater. Sein Sprössling starb jedoch bereits nach der Hälfte von 84 Jahren, also mit 42; da war Diophant selbst 80 Jahre alt. Und weitere 4 Jahre später, mit 84, starb er dann selbst.

Für die, die es interessiert, hier die Gleichung, bei der Diophants Lebensalter gleich x gesetzt wird:

$$^x/_6 + {^x/_{12}} + {^x/_7} + 5 + {^x/_2} + 4 = x$$

072

20 Uhr.
In einer Stunde ist es 21 Uhr
(noch 3 Stunden bis Mitternacht),
vor zwei Stunden war es 18 Uhr
(noch 6 Stunden bis Mitternacht).

073

1. Januar; der Geburtstag war am 31. 12.

074

$77\,^7/_7$

076

Auch wieder Sonntag.

078

15 Minuten (nicht etwa 20, denn die Säge tritt nur 3-mal in Aktion).

079

Einen 100- und einen 10-Euro-Schein. Damit ist die Bedingung erfüllt, denn einer der beiden, der 100er, ist ja kein 10-Euro-Schein. Und davon, dass alle beide keine 10-Euro-Scheine sein dürfen, war keine Rede.

080 (linke Seite)

35. Jede nachfolgende Zahl ist von der vorhergehenden um 1 weiter entfernt als diese von ihrer Vorgängerin. ($2 + 3 = 5$, $5 + 4 = 9$, $9 + 5 = 14$, $14 + 6 = 20$, $20 + 7 = 27$, $27 + 8 = 35$).

080 (rechte Seite)

Nach dem Alphabet:
Acht, Drei, Eins, Fünf, Neun, Null, Sechs, Sieben, Vier, Zwei.

Eigentlich eine durchaus übliche Art, irgendetwas zu ordnen.

083

5 Kilo

085

8, 12, 5 und 20 (Summe: 45)
$8 + 2 = 10$
$12 - 2 = 10$
$5 \times 2 = 10$
$20 : 2 = 10$

086

Probier es selbst einmal aus. Na, hast du auch 5000 herausbekommen? Das ist nämlich falsch. Das richtige Ergebnis lautet 4100.

090

Ein einziger großer Haufen.

093

3.

Denn mit eineinhalb Äpfeln
mehr hättest du 4½ Äpfel.
Und 4½ = 1½ × 3

094

Die 27, das ist die Summe aus
21 und 6.

095

```
        9   5   6   7
+       1   0   8   5
―――――――――――――――――――――
    1   0   6   5   2
```

096 (linke Seite)

Da der Gefrierpunkt des Wassers
0 Grad Celsius ist und eine Multiplikation mit 0 stets 0 ergibt, lautet
die Antwort immer »Null« – ganz
egal welche Zahlen man nimmt.

096 (rechte Seite)

Natürlich 0 (denn einer der
Faktoren ist die Null).

097

Das Resultat dieser Rechnung
ist genau die 7-stellige Zahl,
mit der du begonnen hast.

098

Das ist beim besten Willen nicht
mehr möglich, weil der Rennfahrer die gesamte, für beide
Runden zur Verfügung stehende
Zeit bereits nach der ersten
Runde verbraucht hat. Er müsste
die zweite Runde also in null
Sekunden zurücklegen, das
heißt unendlich schnell fahren.
Und das funktioniert nicht mal
in unserer Vorstellung.